理想の出版を求めて

一編集者の回想1963-2003

追求出版理想國

我在岩波書店的40年

大塚信一

馬健全、楊晶 譯

台灣版序文

大塚信一　著
劉姿君　譯

提筆寫這篇台灣版序文，令我格外有所感觸，我想先由記述箇中理由開始說起。

家父曾任製糖公司的社員，於我出生未滿一年的一九四〇年被調往台灣，因此我的幼兒時期是在台灣度過的。公司的工廠位於台中附近，我們一家人便住在豐原與台中之間一個叫作潭子的地方。

我幾乎沒有當時的記憶。據雙親所言，住在公司宿舍周圍的人對我們一家人親切有加，多方照拂。但家父後來被徵召為軍屬，必須前往當時由日本統治的印尼爪哇島。在美日戰爭越演越烈之中，家母與我勉強回到日本。家父於日本戰敗後遭到荷蘭軍隊俘虜，所幸不久便獲釋，得以返回日本。

雙親說，戰後的混亂平靜下來之後，台灣的朋友們很擔心，經常與我們聯絡。我上高中時，台灣的朋友與他們的孩子便開始偶爾到東京家裡。我上大學時，台灣朋友的兒子、女兒也到日本的大學或專門學校留學，假日時經常到我家玩。

雙親還在世時，一到正月，台灣的朋友們必定會來電賀年，雙親與台灣朋友們長聊，顯得十分懷念。而且每次都邀約雙親到台灣——「你們種的樹木現在長得好大，在潭子長成了美麗的行道樹呢！你們一定要來看看。」雙親雖年事已高，仍一度應邀訪台，受到熱烈的歡迎。

而當我結婚生子時，台灣朋友的孫子們也開始因工作、求學造訪日本。因此我對台灣的印象，完全不脫父母所敘述的：「出產好多水果，人們親切友善，是個很容易融入的地方」。

然而，當我進入大學，學習了台灣的歷史，才知道台灣在歷經荷蘭、西班牙統治時代、鄭成功統治時代、以及清朝統治時代之後，緊接著又是長達五十年的日本統治時代。雙親與我在潭子受到台灣人親切照顧的時期，正是日本殖民主義最後的時期。

舉例來說，家父家母當然知道「霧社事件」。但是，他們的認識完全是基於殖民主義這一方。由當地人與從反殖民主義的立場來看，沒有比這更殘酷的事件。我知道殖民主義甚至會剝奪人類最基本的想像力。

大學畢業後，我任職於出版社。透過出版的工作，我學習到，我們絕對不能容許帝國主義和殖民主義以任何形式存在。

同時我也學習到，出版這項事業，目的便是藉由促進不同文化的互相理解，早日使人類脫離不合理的歷史。四十年來，我懷著這樣的想法從事出版業，這段期間一點一滴的紀錄，便成了本書。

由於這樣的經歷，讀者想必能夠理解拙作在聯經出版公司林載爵先生的大力幫助下得以在台灣出版，對我而言是一件多麼令人感激的事。因為我熱切希望，未來能夠透過與台灣人共同開創新世界，多少彌補我們日本人過去所犯的錯。因此，若本書能夠為台灣年輕一代出版人帶來一些用處，將使我感到無比欣喜。

在此，我要感謝聯經出版公司編輯部的林亞萱小姐，謝謝她為台灣版的出版不遺餘力。

以下幾位也在本書中文版出版之際，惠予種種協助，我也要在此表達深沉的謝意。

董秀玉、汪家明、陳萬雄、程三國、舒煒、陸智昌、馬健全、楊晶（敬稱略）

最後，我要特別感謝林載爵先生賢伉儷，為我啟蒙複雜微妙的台灣被統治史。我深信台灣人的親切，乃是經過不盡幸福的歷史淬煉，源自於高尚的人性。

二〇一二年九月書於東京

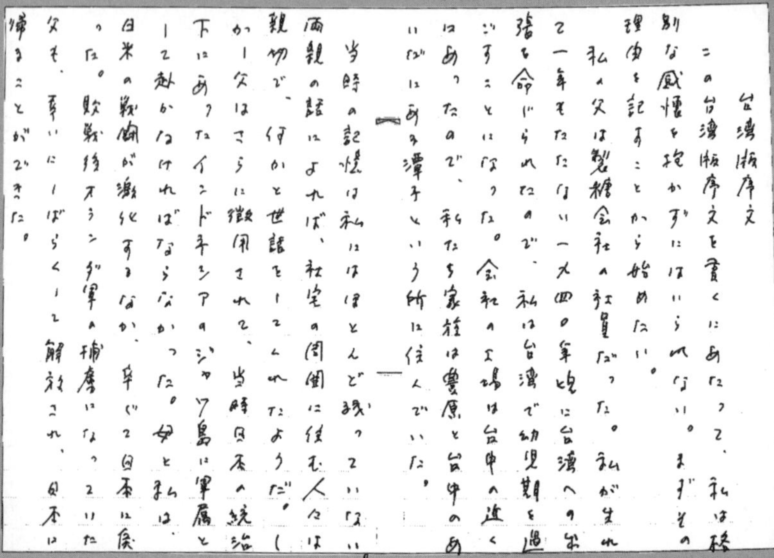

台湾版序文

この台湾版序文を書くにあたって、私は格別な感慨を抱かずにはいられない。まずその理由を記すことから始めたい。

私の父は製糖会社の社員だった。私が生れて一年もたたない一九四〇年頃に台湾への出張を命じられたので、私は台湾で幼児期を過ごすことになった。会社の工場は台中の近くにあったので、私たち家族は豊原と台中のあいだにある潭子という所に住んでいた。

──

当時の記憶は私にはほとんど残っていない。両親の話によれば、社宅の周囲に住む人々は親切で、何かと世話をしてくれたようだ。しかし父はさらに徴用されて、当時日本の統治下にあったインドネシアのジャワ島に軍属として赴かなければならなかった。母と私は、日米の戦闘が激化するなか、急いで日本に戻った。敗戦後オランダ軍の捕虜になっていた父も、幸いにしばらくして解放され、日本に帰ることができた。

1

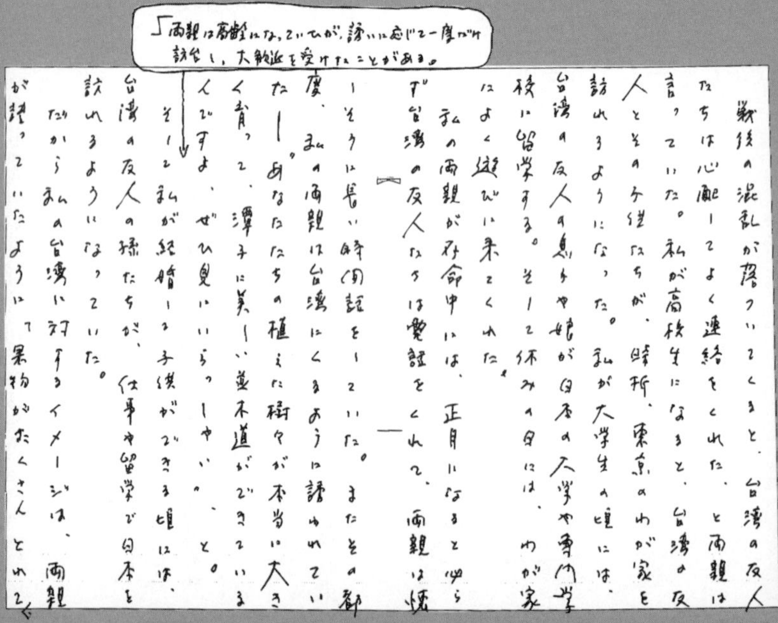

「両親は高齢になっていたが、誘いに応じて一度だけ訪台し、大歓迎を受けたことがある。

戦後の混乱が落ちついてくると、台湾の友人たちは心配してよく連絡をくれた、と両親は言っていた。私が高校生になると、台湾の友人とその子供たちが、時折、東京のわが家を訪れるようになった。私が大学生の頃には、台湾の友人の息子や娘が日本の大学や専門学校に留学する。そして休みの日には、わが家によく遊びに来てくれた。

私の両親が存命中には、正月になると必らず台湾の友人たちは電話をくれて、両親は懐

──

しそうに長い時間話をしていた。またその都度、私の両親は台湾にくるように誘われていた「あなたたちの植えた樹々が本当に大きく育って、潭子に美しい並木道ができているんですよ。ぜひ見にいらっしゃい。」と。

そして私が結婚して子供ができる頃には、台湾の友人の孫たちが、仕事や留学で日本を訪れるようになっていた。

だから私の台湾に対するイメージは、両親が語っていたように「果物がたくさんとれて

2

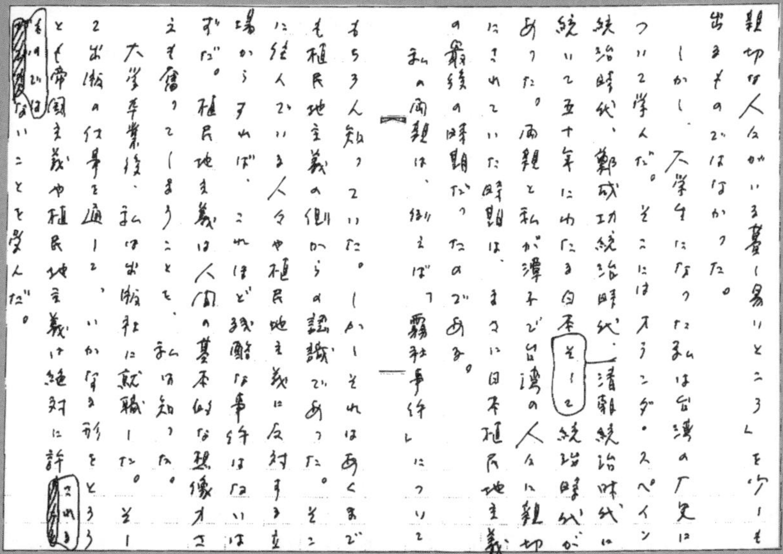
親切な人々がいる暮し易いところを少しも出るものではなかった。
しかし、大学生になった私は台湾の歴史について学んだ。そこにはオランダ・スペイン統治時代、鄭成功統治時代、清朝統治時代に続いて五十年にわたる日本統治時代があった。両親と私が潭子で台湾の人々に親切にされていた時期は、まさに日本植民地主義の最後の時期だったのである。
私の両親は、例えば「霧社事件」についてもちろん知っていた。しかしそれはあくまでも植民地主義の側からの認識であった。そこに住んでいる人々や植民地主義に反対する立場からすれば、これほど残酷な事件はないはずだ。植民地主義は人間の基本的な想像力さえ奪ってしまうことを、私は知った。
大学卒業後、私は出版社に就職した。そして出版の仕事を通して、いかなる形をとろうとも帝国主義や植民地主義は絶対に許されるべきではないことを学んだ。

3

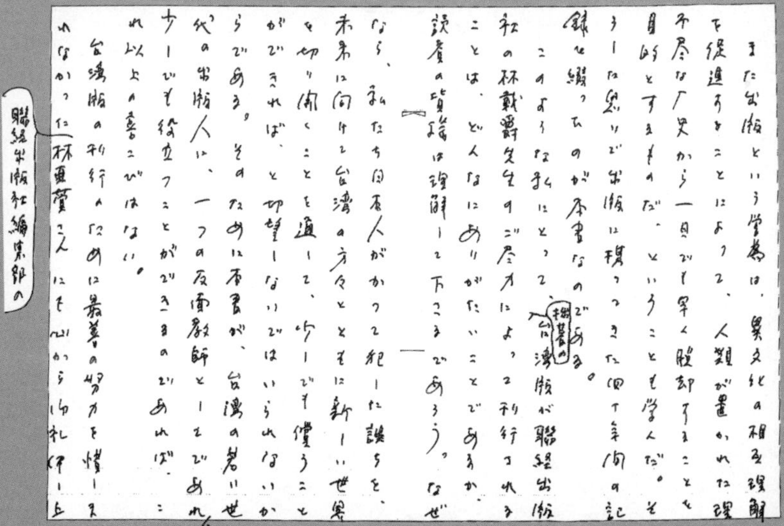
また出版という営為は、異文化の相互理解を促進することによって、人類が置かれた理不尽な歴史から一日でも早く脱却することを目的とするものだ、ということも学んだ。そうした思いで出版に携ってきた四十年間の記録を綴ったのが本書なのである。
このような私にとって、拙著の台湾版が聯経出版社の林載爵先生のご尽力によって刊行されることは、どんなにありがたいことであるか。読者の皆様は理解して下さるであろう。なぜなら、私たち日本人がかつて犯した誤ちを、未来に向けて台湾の方々とともに新しい世界を切り開くことを通して、少しでも償うことができれば、と切望しないではいられないからである。そのために本書が、台湾の若い世代の出版人に、一つの反面教師としてであれ少しでも役立つことができるのであれば、これ以上の喜こびはない。
台湾版の刊行のために最善の努力を惜しまれなかった聯経出版社編集部の林亜萱さんにも心から御礼申し上

4

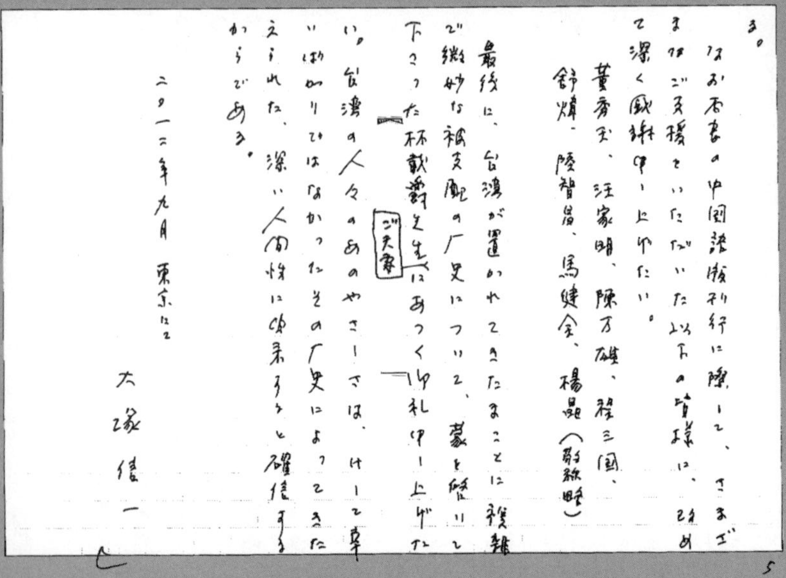

る。

なお本書の中国語版刊行に際して、さまざまなご支援をいただいた以下の皆様に、改めて深く感謝申し上げたい。

黄秀玉、汪家明、陳万雄、程三国、銭燁、陸智昌、馬健全、楊晶（敬称略）

最後に、台湾が置かれてきたまことに複雑で微妙な被支配の歴史について、蒙を啓いて下さった林載爵先生ご夫妻にあつく御礼申し上げたい。台湾の人々のあのやさしさは、けして甘いばかりではなかったその歴史によってきたえられた、深い人間性に由来すると確信するからである。

二〇一二年九月　東京にて

大塚信一

5

前言

一九六三年春天我進入岩波書店出版社，工作了四十年，於二〇〇三年五月退休。最後的十年以經營管理工作為主，而之前的三十年則是一心一意在編輯工作中打轉。最後階段的十年在經營管理之餘，雖然曾多多少少惹年輕人討厭，但是我並沒有完全脫離企畫和編輯的工作。下面的敘述，是我從事編輯四十年的回憶。

正如這本書所觸及的，或許呈現了「編輯這種奇妙人種的不可思議生態」（山口昌男先生語）。但是，我也同時描繪了眾多與我相關的學者和藝術家，還有國內外編輯同行的工作情景，可以說是一種紀錄吧——過去曾經有這樣一位編輯，和這樣的人一起，做了這樣的工作。如果讀者願意把這本書當作是關於一九六〇年代至二十一世紀初這四十年的一份證言來閱讀，我會感到格外榮幸。

目次

第三章　新書編輯和法蘭克福國際書展

第四章　進入知識冒險的海洋

第五章　向不可能挑戰——《赫爾墨斯》之輪 I

第八章　轉折期的企畫——終場的工作

第一章　小學徒修業

1　岩波書店的「新人教育」

「小學徒來了喲」

大概是一九六〇年代中期，我初次到林達夫先生家拜訪。林先生家位於藤澤的鵠沼，是一座英國古民居風格、露出橫梁的美麗房子；後來我從林先生那裡聽到很多蓋這棟房子時的艱辛故事。

我按了門鈴，林夫人現身玄關。當時是初次見面，我鞠躬說：「您好。我是岩波書店的大塚信一。」夫人看了看我的臉，向屋裡招呼道：「岩波書店的小學徒來了喲。」

林先生曾與和辻哲郎、谷川徹三等先生一起擔任戰前岩波書店的顧問，並且參與了《思想》雜誌的編輯工作，與岩波書店建立了深厚的關係。戰前，岩波書店還不是有限公司，只是一家店鋪。創辦人岩波茂雄當然是店老闆，小林勇是店長；而普通員工是店員，年輕人則只能從小學徒做起。因此，剛踏出校門的新人編輯想當然耳，就是小學徒了。我想林夫人是按照過去的感覺非常自然地脫口而出。當時我聽到自己被叫作「小學徒」時，坦白說有點驚訝。但是現在回想起來，從一名小學徒出發也不是壞事。

以下敘述的是我如何成為獨當一面的編輯「小學徒修業」的過程。

由於出版社的社會地位提高，員工意識和自豪感也隨之高漲。現在「編輯」甚至成為時尚日劇的主角，不用說也是學生憧憬的對象。但出版工作其實是平淡、不顯眼的，而編輯屬於幕後工作人員。從事出版工作是再一次回到初衷，可以從書店重新出發不是很好嗎？

進入《思想》編輯部

一九六三年春，我大學畢業後進入了岩波書店有限公司。

從位於池袋的家乘坐開往數寄屋橋的都電❶，路經護國寺、傳通院、春日町、水道橋，大概三、四十分鐘會到達神保町。那時候還沒有地鐵，只有都電和都巴士能去神保町，說那裡是個孤島也不為過。從神保町的十字路口向東西南北眺望，只有皇宮方向左邊的學士會館和右邊的共立講堂較可入目，其他全是些低矮房屋櫛比鱗次的光景。

從都電車站朝皇宮方向走，在第三條街往右拐，就走到玄關門口掛著夏目漱石橫寫的「岩波書店」大字招牌的辦公室。這棟兩層建築本來是一橋大學的講堂，在厚重的建築物上臨時搭建了三樓辦公室，感覺不太協調。當時業務部的倉庫緊鄰著辦公室。

在周邊有很多小規模的印刷廠和裝訂廠，還有不再做買賣的一般住宅、商店和老餐廳等。幾乎沒有大樓，的確是適合出版社落腳的地方。

同期進公司的有四個人，男女各兩名。我被分配在編輯部的雜誌課，成為《思想》的編輯成員。說是編輯部，其實成員只有比我剛好年長十歲的K前輩和我兩個人而已。雜誌課位在二樓最裡面的房間，《世界》、《思想》、《文學》，還有涉外部門的職員都集中在這裡。這裡有兩大座瓦斯暖爐可以讓房間暖一點，想涼一點的話只有電風扇。在夏天氣溫超過三十度的時候，公司還曾經發給我們每人一瓶冰牛奶。

當時課長最初交代我的工作，是把前幾年出版的《思想》目次翻譯成英文。完成以後，O課長說：「作者之中如果有想見的人就說吧。」於是，我提出了在大眾社會論戰華麗登場的松下圭一先生，和以初期馬克思研究知名的城塚登先生。O課長立刻打電話跟松下先生說：「明天請您吃午飯，可以到神保町這邊來嗎？」翌日，在中式料理餐廳「揚子江」裡，O課長把我介紹給松下先生。而我記得幾天之後也跟城塚先生見了面。

接著O課長帶我去東京大學的法學部研究室。一走進正門，右邊是法學部研究室，從一樓開始，挨家挨戶敲每個教授、副教授的房間門。房間的主人若在，就說：「這是新來的大塚，請多多關照。」然後不等對方回應就離開了，這樣來回數次，在那個時候我能做的，就是送上名片時說句「請多多指教」而已。回想起來，那是我與辻清明、川島武宜、丸山真男、福田歡一、坂本義和幾位先生初次會面的情況。

然後，O課長說：「再給你介紹兩、三個人」，便往立教大學去了。到了那裡的法學部，教授們剛好正在開會。O課長拜託職員說：「有點急事，請叫神島先生出來一下。」結果，神島二郎先生以為發生了什麼事情從會議室飛奔出來。而O課長只說了在東京大學法學部時同樣的話，我遞上了名片後，把驚魂未定的神島先生晾在那裡就離開了。O課長說：「由於尾形典男先生是學部長，所以沒叫他出來。」

O課長的教育到此結束，接下來我馬上就被放到編輯現場裡學本事了。最初派我去印刷廠外校，把校樣交給我校對。《思想》雜誌在精興社印刷，所以我跑到位於學士會館不遠處的精興社（總公司在青梅市）。我雖然剛剛走出校門，東南西北還沒搞清楚，但已經不得不一篇接著一篇地去讀那些艱澀的論文了。

經過三、四個月，我記住了校對方法之後，勉強去印刷廠外校時，精興社的U先生（後來成為該公司老闆）邀約我「一起去喝杯茶吧」，在閒聊之後問我：「要不要去印刷廠看看？」就把我帶到現場去，看到排字工人正在熟練地更換排版的鉛字。那些看起來比我父親還要年長的工人，按照我在校樣上標示的紅字更換鉛字。不光是鉛字，還有鉛條（當作行距間隔的薄板）也必須每次更換。看到那樣極其複雜的作業，我初次明白了在校樣上標示紅字的意義。對這位不經意中教我一課的U先生，直到現在我仍然心懷感激。

兩位作者的鮮明記憶

最初的工作是去把編輯前輩們已約定好的、作者已完成的稿件取回來。曾經與以《社會學的想像力》等著作知名的米爾斯（C. Wright Mills）一起編輯了韋伯（Max Weber）選集的格斯（Hans Garth），當時正好在東京工業大學當客座教授而住在日本。格斯雖然是美國大學教師，但我覺得他應該是從歐洲流亡到美國的。因為當我用拙劣的英語和他交談時，他的發音操有濃厚的德語口音。公司拜託他寫的主題是「美國的馬克斯・韋伯研究」，由暢子夫人翻譯成日語。我在學生時代就對韋伯感興趣，讀過好幾本韋伯的著作，這可幫了忙。

這個作品是每年組織一、兩次特集之一「何謂方法？」（一九六三年五月號）中的一篇。當時談到「方法」，以馬克思和韋伯為主流，其他近代經濟學或社會學的模式論、行動科學和論理實證主義之類都只是配菜。格斯的文章獨樹一格，與日本的韋伯研究味道不同，這一點饒有趣味。但是並沒有預示後來在美國大膽開展的韋伯研究（像是一九七五年創文社出版的《鐵之檻》）。

還讓我留下鮮明記憶的是井上光晴先生和木田實先生（本名山田吉彥）。我記得大概是到井上先生位於小金井的自宅訪問，我跟他談話時，他一直正襟危坐，臉上始終掛著很認真的表情應對我這個剛剛出道的新人。他的文章〈三十多歲作家的「近代化」內在〉是「近代化」主題特集（一九六三年十一月號）中的一篇文章。也許是他剛從九州到東京不久的緣故，當時井上一本正經的作家樣子，以後再也沒機會看到了。

為了同一個特集，木田實先生提供給我們〈部落與東京〉的散文。因為他說原稿已經寫好了你來取吧，我就去了，但不是到他在八王子的家而是到伊勢崎。那是他寓居的家，裡面有一位三十歲左右的女士和一個嬰兒。我本來打算當天就回東京，但是木田要我「無論如何住一晚」，我想在這種情況下編輯只能聽從作者的，於是變更了行程。

散文內容是著名的〈瘋狂部落〉的變奏，雖然沒有什麼特別的亮點，但是因為刊登在嚴肅的《思想》上，所以他刻意加進了猥褻的言詞。晚飯吃的是木田實喜歡的東西——那位女士曾這樣說。牛肉切成薄片用油煎，吃這牛肉和喝加冰的威士忌，吃完一盤，馬上又給我們做新的。我們盡興地吃吃喝喝。喝醉了的木田實把嬰兒抱在膝上，嘟嘟囔囔地對他講著法語。木田好像感冒了。本來我很期待他說一些戰前在法國留學時的事情，但是他醉得睡著了。木田曾說他在日本有好幾處像這樣的「家」。

要求我們去取稿子的作者很多，以下的名字是日後與我在工作上有著深厚關係的作者：生松敬三、杉山忠平、見田宗介、山田慶兒、飯塚浩二、堀尾輝久、永原慶二、市川白弦、八杉龍一等等。

邀稿

進入岩波書店工作差不多一年後，一九六四年一月號的《思想》上刊登了我初次負責邀稿的文章：秋山清先生的〈俄國革命與大杉榮〉。因為我對無政府主義的主題感興趣，所以邀約秋山先生撰稿，但最感吃驚的反而是秋山先生。他對我說：「我做夢也沒有想到，與馬克思主義和學術主義嚴肅論文並列的《思想》會向我邀稿。」O課長和K前輩也非常驚訝，但是他們一句抱怨也沒說。

接下來刊登的是我邀稿的藤澤令夫先生的作品。當時非正式地請了日高六郎先生和久野收先生擔任《思想》的顧問。某次久野建議以「論爭邏輯」為題向幾個人約稿，我覺得很有意思。不愧是久野收先生，實在令人佩服。他說這主題與思想、哲學有關，就讓我來負責。

當時，我打電話給田中美知太郎門下英才的京都大學副教授藤澤先生，拜託他執筆。先生一定會連我是個東和西都還沒搞清楚的新人也看不出來。「如果像懷德海（Alfred North Whitehead）所說的那樣，西洋哲學只不過是柏拉圖（Plato）的注腳，那麼把對話篇裡能顯著看到的柏拉圖的論爭邏輯搞清楚，我想沒有比這更重要的事情了……」我把一知半解的知識做了最大限度的發揮，試探地拜託他。很幸運的，他答應了我。但是在那一刻我怎麼也沒想到，在其後的四十年裡，我拜託了他形形色色的工作，甚至最後也和先生的著作集出版有關係。

就「論爭邏輯」這個共通主題，除了藤澤先生，我還邀了河野健二先生（〈圍繞「資本主義論爭」

的評價〉）、中村雄二郎先生（〈關於論爭的邏輯與修辭〉）、山下正男先生（〈從實在論到唯名論〉）寫稿。中村以帕斯卡（*Blaise Pascal*）《外省通信》（*Les Provinciales*）的論爭為中心，山下則圍繞西歐中世紀的普遍主義論爭。

其後，我邀約中村從一九六六年開始為我們撰寫以「《思想》的思想史」為題的連載。自此四十年間，與藤澤一樣，建立了很深很深的關係。藤澤是西洋古典學所謂的學術主義之雄；而中村則是自由地展開思考的人物，即所謂的在野哲學家，他們兩位分居日本哲學界的中樞。我覺得他們兩人同年這點很有意思。

羽仁五郎與花田清輝

成為《思想》編輯部人員屆滿一年的時候，經歷了引發我深刻思考的體驗。那是我拜託羽仁五郎先生寫的「近代和現代」企畫。第一回由羽仁親自執筆，第二回則是與竹內好先生、揖西光速先生有關的「國家（民族）主義」討論。我記得竹內和羽仁有過激烈的爭論。而第三和第四回是「與花田清輝君的對話」。

羽仁五郎先生從戰前開始便與岩波書店有著深厚的關係，不時會向我們提出各種各樣的建議。但是他提建議的方法別具一格，首先是由他的私人秘書打電話給我這個新人，然後才聽到羽仁在電話中說：「中午你到這個地方去。我今天想吃××料理，請關照了。」我們在附近預約的店裡等候時，會看到羽仁坐著由秘書駕駛的很大台的外國汽車現身。曾經有這樣的傳聞，當時經常舉辦活動的「全學連」❷學生們和羽仁進行公開討論，學生們質問他：「聽說你經常吃牛排，那不是太奢侈、太資產階級了嗎？」羽仁對此坦然回答：「不吃牛排來累積體力，要怎麼去搞革命。」我覺得這的確是有可能的。

這樣的羽仁和花田清輝先生對談了。也因為羽仁年紀很大，所以對談安排在一家面對皇宮壕溝的小旅館裡。羽仁在對談的前一天便入住旅館，為翌日做準備。傍晚，當我去看羽仁時，他拜託我：「我內褲的橡皮筋斷了，幫我去買一下。」為了找橡皮筋，我一直走到專修大學前面一帶。難道編輯連內褲的橡皮筋都必須去買嗎？我不是沒想過，但覺得好可憐。

第二天羽仁與花田的對談，確實饒富意義。其中我最感動的是，他們談到當時中蘇對立正顯露的情況。古典馬克思主義者羽仁的立場是，堅如磐石的社會主義陣營絕對不可能分裂為二。相對於此，花田則認為，期待社會主義陣營多樣化，那麼真正富裕的社會主義才有可能萌芽開花。我聽到這樣的發言，覺得花田真是厲害。負責第二回的竹內好先生也不得不感歎花田是位具有獨立思想的思想家。

羽仁有一件與我有關的逸事。我一直住在西池袋婦人之友社（自由學園）的附近，那裡有美國著名建築師萊特（Frank Lloyd Wright）設計的「明日館」（現在是國家重要文物）講堂。我小學時經常和一群頑童潛入講堂下玩耍，當我告訴羽仁這事情，他馬上說：「那裡一定有我和小林勇創立鐵塔書院時出版的書。」

小林勇先生曾經一度突然離開岩波書店，創立了鐵塔書院，但是當他決定再回到岩波書店時，沒有地方安置鐵塔書院出版賣剩的書，因此羽仁接收了一部分，存放在羽仁家的自由學園裡。羽仁說：「試著找找看」，果然從講堂地下室找出了好幾百本書。「我也送給你做個紀念」，記憶中我得到了兩、三本鐵塔書院的書。

2　制定特集計畫

若干個「小特集」

最初我被委派企畫「小特集」，是進公司過了一年多一點的時間。「小特集」每年數次，是以某個主題集結幾篇論稿的計畫。我以南博先生為中心，將焦點放在當時在美國被廣泛研究的行動科學上，編輯了題為「行動科學的現況」的小特集（一九六四年八月號）。其內容如下：

南博　行動科學與行動學
富永健一　行動理論與社會科學
服部政夫　行動科學的心理學
吉田民人　行動科學「機能」關聯的原型
犬田充　美國行動科學的現狀

順便列舉一下在這個小特集之前和之後企畫的其他小特集，有「自然科學與法則」、「法律——社會統制的符號性技術」、「現代的農業構造」、「現代官僚制度的諸特質」等。其中「法律——社會統制的符號性技術」是以川島武宜為中心，積極嘗試從社會控制技術的觀點來重新把握法律概念。這個小特集滿載了以川島為中心舉行的法制社會學專家的研究會成果。「行動科學的現況」也是以南博為中心召開了數次研究會，我也列席末座。他還設法讓我這個新人發表意見。

現在回想起來，這種傾向與以往的馬克思主義方法論、講座派或工農派之類的東西不同，與韋伯的思考也不一樣，因此可說是將實證主義觀點引入社會科學的嘗試。眾所周知，好的或壞的美國學風都變得很有勢力，沒多久，政治學或經濟學的這種傾向也在增強。

然後在一九六六年十一月號，我再次編輯了「小特集・現代社會與行動科學」。得到了哲學學者吉村融、山下正男；心理學學者南博、犬田充，還有國際政治學學者武者小路公秀的參與。並附錄了年表等資料，我想這在當時是很有用的。

繼「行動科學」後被委派的小特集是「國際政治與國際法」，一九六五年十月號。我與田畑茂二郎、石本泰雄商量，得到他們的參與，編輯的內容如下：

石本泰雄　國際法——其「物神崇拜」
田畑茂二郎　A・A新興諸國與國際法
松井芳郎　「參考資料」天然財富和資源的永久性主權
太壽堂鼎　現代國際法與義務的裁判
高野雄一　國際和平機構的課題
內田久司　社會主義世界與國際法

這個小特集，如果與前後期的「戰爭與革命」、「現代社會與農業問題」、「現代帝國主義」、「美國在亞洲」等相比，無可否認，感覺多少有些偏離。

還有「作為現代思想的天主教」（一九六六年七月號），對於當時的《思想》來說，被認為是風格不太相同的小特集。這個特集中以松本正夫為中心，參與的有今野國雄、門脇佳吉、佐藤敏夫、半澤孝麿、岡田純一、博吉斯（E. M. Boggis）諸位。在與上述的老師會面討論的過程中，我學到很多有關天主教的事情。特別是剛從羅馬回國不久年輕的門脇佳吉，不僅是哲學、思想方面，也教了我許多現實問題，例如關於非洲黑人（Black Africa）的傳教實態等。此後，我向門脇邀了好幾本單行本的書稿。

對於一個剛走出校門的新人給予相當自由的編輯活動空間，現在回想起來確實是非常難得。一定有過不少不盡得體的事情，但是想到O課長和K前輩對我的寬容照顧，我真是充滿感激之情。

邊喝酒邊接受教育

新人教育之後，某天黃昏，O課長把我帶到附近的小酒館「魚甕」，教我喝酒的方法：絕對不去高級的店，一定花自己的錢喝酒。可是當他約我而他手頭剛好沒錢時，就會打電話到主管的辦公室，喊著：「我現在去您那裡借錢，請借一點給我」，還沒等對方回話就衝了過去，這種事經常發生。

聽說O課長畢業於東京大學法學系，在川島武宜老師門下研究溫泉權，戰後進入中央公論社，後來與幾個朋友創立出版社，曾經一時賺了大錢。在中央公論社時，為了調查某位政治家的事情，擅入武見太郎醫生的診療室盜取病歷被逮個正著，在裁決迫近眉睫之際，得到了松本重治老師相助，這樣的傳聞我聽過好多次了。後來O課長帶我去麻布的國際文化會館，介紹我認識當時擔任理事長的松本重治老師。因為我聽說過上述的傳聞，所以總覺得怪怪的。

O課長除了教我喝酒的方法以外，也邊喝酒邊教我關於當編輯的方法。乍看好像胡來至極，但實際上他是周詳考慮過的。他不斷關注國際情勢，為新的議論提供契機而努力。也許就因為這樣，O課長作為記者，作為松本重治老師的晚輩而得到任用。比如在柬埔寨西哈努克親王訪問日本時，他秘密會見了O課長，並將西哈努克的原稿刊登於《思想》上。某次，蠟山芳郎曾對我說過「O的國際感覺超群」。這樣的O的編輯秘訣，就是思考組織異質性的東西。下面敘述的一個例子，曾經害我惹上大麻煩，但卻是珍貴的體驗。

被秘密錄音激怒

一九六〇年代中葉，當時民族主義問題在各個層面都掀起波瀾。O提出了以南原繁為中心，聚集大塚久雄和福田歡一兩位，聽聽他們對民族主義有什麼想法。我被指派「去找這三位老師，協調一下日程」，並決定了聚會的日子。臨到聚會前O命令我：「把錄音機帶著，在老師們不知道的情況下錄音」。我十分驚訝，但是不得不聽從，便對三人的議論錄了音。請專人整理出的逐字稿，果然是非常有意思的內容。O對我說：「你得再去老師們那裡走一趟，向他們說明相關情況，並請求許可刊登在雜誌上。」

我想這事情麻煩大了，於是依次去拜訪南原、大塚、福田三位老師。當我戰戰兢兢和盤托出：「其實我偷偷地錄了音……」南原、大塚兩位大家都嗤嗤地笑，回答我：「O君就會幹這種事，真是沒轍呀。」最後，我到東京大學法學部研究室拜訪福田老師。當我開始說明情況，他就不容分說地怒斥我：「擅作主張幹這種事，我絕對不能饒恕。還要刊登在雜誌上，簡直豈有此理！」不過，被怒斥是理所當然的。我唯有拚命地道歉：「真的非常對不起，一定不會再做這樣的事了」，我想我向他低頭認錯最少也有一個小時。

不久福田老師的語調有所改變，說：「雖然是不可饒恕的行為，但是因為問題非常重要，所以有必要緊急考慮。我會整理一下議論的思路寫個提綱，然後你拿到南原、大塚兩位老師那裡。如果可以得到他們的諒解，就重新設定時間三人再進行議論。」我已被訓得內心縮成一團，聽到這話，感激得幾乎想哭。幸虧獲得了南原、大塚二位老師的諒解，三人重新進行了會談。這個成品就是刊登在一九六五年一月號的〈圍繞民族主義：有關問題及現代日本的課題〉。自此到我退休為止的四十年間，我一直在各方面都得到福田老師親授機宜。

與西歐相對化的觀點

我被派去參與運用雜誌的所有篇幅來探討某個主題的「特集」計畫，最初是一九六五年三月號的「歐洲的歷史意識」。當時日本終於從敗戰以後向歐美一面倒的思維中擺脫，開始感到將西歐觀點相對化的必要。這不就是飯塚浩二針對這種趨勢所整理出來的條理嗎？以《日本的精神風土》（岩波新書，一九五二）和《東洋史與西洋史之間》（一九六三）等著作知名的飯塚，也在這個特集撰寫了題為「歐洲對非歐洲」連載的第一回。

我邊請教飯塚老師邊製作的這個特集，還得到生松敬三、增田四郎、村瀨興雄、平井俊彥、木谷勤、前川恭一、河野健二、松井透、務台理作、山本新、西村貞二、上山春平、玉井茂、横田地弘、田沼肇諸位的參與。撰寫卷頭論文的生松是歐洲思想史的研究者，和和辻哲郎等日本思想研究者同期，當時與增田四郎等大家相比，可說是初露頭角，是由飯塚老師推薦登場的。後來我跟生松，經常與木田元一起一家又一家地喝酒，這個也許等別的機會寫吧。

有關日後開花結果的年鑑學派先驅布勞岱（Fernand Braudel）和法國人文地理學家白蘭士（Paul Vidal de la Blache）等，都是因為這個特集計畫，飯塚老師才教我的。我去飯塚老師位在本鄉❸菊坂的家拜訪時，常聽他睿智的談話實在是一大樂事。他對於當時權傾一時的大塚久雄（兩人有姻親關係）的學風，即使混雜著親情，但依然對他做了本質的批判。一言以蔽之，就是批判大塚久雄眼中只認定西歐才理想。某次他跟我說了這樣一件逸事：「對大塚（久雄）君真是沒轍。敗戰不久，當看到報章上駐軍士兵盜竊的新聞時，他總是說：『那一定是黑人幹的』，讓我目瞪口呆。」

飯塚老師對權威陸續提出尖銳批判的同時，也為培育優秀的年輕學者不遺餘力。前面提到的生松是其中之一，文化人類學的新秀川田順造也是。我想這或許跟川田同樣是在法國接受社會科學教育的背景有關。以南美和阿富汗農村調查知名的大野盛雄也是飯塚老師介紹給我認識的。我長久以來得到飯塚老師的關愛，在他逝世時感到特別傷心寂寞。

山口昌男登場

在一九六六年三月號，我企畫了題為「文化比較的視點」的小特集。拜託了泉靖一、今西錦司兩位大家分別就「文明的起源」、「文化與進化」兩大主題執筆，另外拜託了三位新銳研究者登場：生松敬三、山口昌男和田中靖政。生松寫的是〈比較文化論的問題：以和辻風土論的評價為中心〉，田中靖政寫的是〈行動科學的交叉文化研究〉；而山口則是〈文化中的「知識分子」圖像：人類學的考察〉。

當時，山口老師剛從我畢業的大學助教轉任東京外國語大學的講師不久。在學時，我一直得到他的親切教導。我們曾經請他擔任涂爾幹（Emile Durkheim）讀書會的導師，有時候，也和其他學生一起受邀到大學附近老師的家裡吃飯。不光是我們大學的，還有從其他大學來的學生。比如前面曾經提到的、在小特集「法律：社會統制的符號性技術」中登場的川島武宜老師的研究生，後來成為東京大學法學部教授的六本佳平等。

有時候，我們四、五個學生一下子就喝光了一瓶當時價格不菲的「約翰走路（Johnnie Walker）黑牌」。現在回想起來，對於當時並不是高薪厚祿的山口老師，真是為難他了，但是那時候我們都覺得是理所當然。

從山口老師那裡，我們能聽到那個時代教科書裡絕不會出現的話題，比如艾略特（T.S. Eliot）的《荒原》與文化人類學的關係，讓我們驚歎不已。雖然山口老師那時只是社會學的助教，但他知識淵博，令人佩服得五體投地，並且讓我們感到學問真是有意思的東西。我到學術色彩濃厚的出版社就職，想來老師的影響甚大。個人從山口老師那裡得到的教益實在說也說不完，儘管老師當時還沒沒無聞卻一點都不在意。

不過，與擔任《思想》編輯後所認識的學者們的工作比較，我逐漸覺得山口老師不在《思想》登場是不合情理的。但是，或許因為他從日本史轉向文化人類學的經歷，無法被權威推舉。因此在我成為《思想》編輯部成員的第三年，開始能夠獨立工作時，便邀請了山口老師登場。

這篇論文可說是山口後來開花結果的跨界者（trickster）[4]核心的雛形，而單從一篇論文能看出端倪的是林達夫。我能認識林老師，是久野收和當時任岩波書店法語詞典顧問的河野與一介紹的。林老師為了與河野會面，大概半年會來岩波一次。因為他戰前曾參與編輯《思想》，對這個雜誌仍有感情，所以會提出這樣那樣的建議。林老師在岩波書店不知何故被小林勇帶頭敬而遠之，因此老師來公司時，我這個新人總是被叫去。

山口的論文刊出之後不久，林老師曾跟我說：「依我看他是半世紀才能遇到的一位天才。」下文有機會詳述。其後山口的活躍自不待言。半年後的一九六六年十月號，我也得到了山口撰文的〈人類學認識的諸前提：戰後日本人類學的思想狀況〉。

某天的武田泰淳和丸山真男

《思想》作為我的編輯修業時代，回憶起來有很多小插曲。現在想一想，因為我的不成熟而只能一知半解的事情占大多數。

下面我介紹關於武田泰淳和丸山真男的一個小插曲，這件事令我很羞愧，顯示出我的理解不夠充分。

大概是一九六四年或一九六五年，有一次上述兩位老師加上吉野源三郎（時任岩波書店編輯主管），在岩波書店召開非正式會議，《思想》編輯部的K前輩和我也列席。我已經忘了會議主題是什麼了，但是會開了一個小時左右，武田突然站起來，憤然走出了房間。我以為他是去上洗手間，結果他並沒有回來。吉野非常驚慌。

我根據模糊的記憶追尋當時的情況，或許是下面的原因：大概是圍繞「一九六〇年安保」事件的評價進行討論時，丸山一如往常明快地分析情勢，並從中導出了可說是行動指標的東西。對此，武田嘴裡一直在咕噥著些什麼，試圖做出「我不能苟同丸山的明快分析」的反駁。

我想武田的不滿大概是，即使思考自身的東西，像丸山那樣漂亮地整理本身就是自相矛盾的。或許可以這樣說，武田認為不可能那麼清晰地對個體的存在下結論。如果以當時常用的比喻來說明的話，對於近代主義者的犀利分析，有來自「污水溝蓋的臭氣」──迂腐一方的反駁。

無論如何，我現在仍然清楚記得，只有丸山的精闢分析和武田的憮然表情。

一個新人編輯對於學者和作家，何況是兩位大家議論的微妙「皺襞」無法理解，即使是在所難免，也不得不承認自己過於粗疏。而且，極端地說，也許只有經過四十多年的重複反芻，才能積澱我對兩位大家存在的深思，前述的小插曲才會至今留在我的腦海中。這是何等無情、何等遺憾的事情，但是誰也無能為力。

以下，請容許我記下曾經在《思想》登場的，其後近四十年以種種形式與我保持著關係的各位老師的名字：

河合秀和、篠田浩一郎、板垣雄三、內田芳明、澤田允茂、宮田光雄、鹽原勉、溪內謙、市川浩、松井透、京極純一、清水幾太郎、飯田桃、八杉龍一、阿部謹也、加藤秀俊、隅谷三喜男、作田啟一、家永三郎、德永恂、齋藤真、小倉芳彥、水田洋、長島信弘、廣松涉、小室直樹、宮崎義一、西川正雄、伊東俊太郎、杉原四郎、上山春平、加藤周一、古田光、中村秀吉、和田春樹、菱山泉、川添登、山住正己、田中克彥、伊東光晴、長幸男、西順藏、武田清子、松尾尊兊、梅本克己、波多野完治、增田義郎、竹內實、住谷一彥、丸山靜、瀧浦靜雄、前田康博、坂本賢三、竹內芳郎、細谷貞雄、加藤尚武、山本信、花崎皋平、市倉宏祐。

還有，我發信跟盧卡奇（G. Lukacs）約稿，得到上面有他簽名的簡短回信應允。他的文章〈關於中蘇論爭：理論的、哲學的紀要〉（生松敬三等譯）刊登於一九六五年一月號。

第二章　哲學家們

1　講座「哲學」的編輯

缺了些什麼？

一九六七年我從雜誌課被調往單行本編輯部。我負責兩三本單行本的同時，接到擔當講座「哲學」書系準備工作的指示。岩波書店的講座「哲學」有著悠久的歷史。西田幾多郎編輯的講座「哲學」發端於一九三一年，完結於一九三三年，共十八卷。這次是戰後首次嘗試做新的講座「哲學」。在F課長之下，《思想》的前輩K，和稍後加入的、比我晚一年進公司的後輩N，以及我三個人是編輯部成員。

調任時，講座的計畫已完成了差不多百分之九十。共十七卷的主題如下：

1　哲學課題（務台理作、古在由重編）
2　現代哲學（古在由重、真下信一編）
3　人的哲學（務台理作、梅本克己編）

4　歷史哲學　（林達夫、久野收編）
5　社會哲學　（日高六郎、城塚登編）
6　自然哲學　（坂田昌一、近藤洋逸編）
7　哲學概念與方法　（出隆、粟田賢三編）
8　存在與知識　（桂壽一、岩崎武雄編）
9　價值　（粟田賢三、上山春平編）
10　邏輯　（澤田允茂、市井三郎、大森莊藏編）
11　科學的方法　（中村秀吉、古田光編）
12　文化　（鶴見俊輔、生松敬三編）
13　藝術　（桑原武夫、加藤周一編）
14　宗教與道德　（瀧澤克己、小倉志祥編）
15　哲學的歷史Ⅰ　（服部英次郎、藤澤令夫編）
16　哲學的歷史Ⅱ　（野田又夫、山崎正一編）
17　日本哲學　（古田光、生松敬三編）

以學院派、馬克思主義、分析哲學，還有一點點存在主義等學派並存的形式所構成的這個計畫，除了《科學的方法》（第十一卷）、《文化》（第十二卷）、《日本哲學》（第十七卷）這三卷以外，可說是非常正統。

我的工作首先從參加全體會議、聆聽議論開始。老師議論的內容雖然全都是最基本的東西，但打從最初開始就覺得好像缺了些什麼。隨著參加了一次次的會議，我對於欠缺的意識逐漸有了清晰的輪廓。那是因為當時結構主義剛開始發展，我感覺到其中幾乎不存在對於語言的視點。亦即沒有把當時在某種意義上被認為是最現代的、成果甚豐的課題「語言」納入其中。

雖然我還屬於編輯新手，也是近期才參加這個持續了一年以上的企畫議論。但是對於這個經過四十年又重新出版的講座，我希望能盡可能接近理想。因此首先得到F課長的諒解後，我嘗試徵詢關注這個問題的久野收意見。久野老師給我的回應是：「的確如你所言。那我們就新設立語言卷來進行檢討吧。」接著請澤田允茂擔綱時，得到了他務必將語言列入其中的積極回應。

《語言》卷

因為我是編輯新手，並且是哲學的外行，沒想到自己的意見竟如此輕易得到認可，感到非常驚訝。我在編輯委員的全體會議上，提出了新增《語言》卷的建議，並得到久野、澤田老師補充我的不足，結果已完成差不多九成的計畫決定增加一卷《語言》，並由服部四郎、澤田允茂、田島節夫擔任編輯委員，急遽擬定如下的內容：

Ⅰ　言語與哲學：從歷史的視野來看　　山元一郎

Ⅱ　現代語言理論與哲學　　田島節夫

Ⅲ　思考與語言　　大出晁

IV　言語、表現、思想：「制度」的語言和「敘述主體」之間　中村雄二郎
V　藝術與語言　市川浩
VI　認識論與語言：以馬克思的觀點為據　平林康之
VII　語言結構邏輯　藤村靖
VIII　含義　服部四郎
IX　語言與社會　鈴木孝夫
X　語言與文化　川本茂雄

講座大受全體讀者歡迎。銷售冊數是現在的出版情況無法想像的：每卷平均賣出數萬冊。印象深刻的是在初版發行時，我曾經和K前輩打賭首天訂購量能否達到三萬五千冊，輸了的要請吃午飯。我打賭超過這個數量，結果贏了。我還記得他請我吃了炸豬排。

急就章成書的《語言》卷，在一九六八年十月出版，成了十八卷中最暢銷的作品。自此，我與在這卷書登場的服部四郎、川本茂雄、鈴木孝夫建立了長期的深厚關係。

破格的成功及其影響

這個講座廣受歡迎的理由，我想是因為這是戰後這個領域首次正式體系化的作品。然而結合現實情況，更大原因應該是日本當時正處在邁向經濟高度成長的最高峰。以十八卷書每卷四百頁左右的分量，並且內容絕對不容易讀，這套「講座」能有約十萬人購買，一般來說，無論日本人的好學心有多

強，都是無法想像的。

這種說是異常也不為過的氛圍，與我們的編輯活動不無關聯。特別是邀稿時，通常由各卷分別召集全體作者，先由編輯委員說明內容，接著由編輯部的人員說明文章頁數及截稿日期等，然後跟作者們說：「拜託你們了。」通常，這樣的聚會會在日本料理店或西餐廳舉行。最忙碌時，曾經有過中午和晚上連續兩回在銀座的同一家料理店聚會。某位前輩跟我說過，一流作者要待以一流菜品。日本菜的場合，就會以一尾完整的鯛魚來招待。還是新人的我當時聽了如醍醐灌頂。

那段時間，有一家新興的S出版社開始活躍。S出版社舉行有關現象學和文學理論的研究會，聚集了眾多熱心的學者。前面提到的山口昌男，曾經帶我去參加過幾次這樣的聚會。我也有過一次機會參加他們的尾牙活動，會場在四谷的一家料理旅館。因為是尾牙，每個人的菜品中有一條首尾完整的鹽烤竹筴魚。雖說是尾牙，我還是記得學者們仍像以往一樣熱烈討論。

新的一年，我們舉行了初次的單行本編輯會議。計畫提案不熱絡，討論也十分冷清。我這個新人終於按捺不住，舉出了S出版社的例子，說世界上就算沒有一流的料理店，也有地方可以進行有內容的討論。會議之後我遭到某個前輩痛斥：「什麼都不懂的人不要口出狂言。」但是，我無法苟同。

馬克思主義哲學家們的個性

古在由重是和真下信一齊名的馬克思主義哲學的長老。他為第一卷《哲學課題》撰寫了〈經受考驗的哲學〉，為第十七卷《日本哲學》撰寫了〈自然觀與客觀的精神〉。古在老師以下筆慢而聞名，常常是截稿日期逼近了卻連一頁稿子都沒寫好。最終唯有拜託他採用口述記敘的方法。K前輩和我一星期數次交替著去老師家，把老師邊抱怨邊擠出來的話陸續用筆記錄下來。

不愧為馬克思主義者，古在老師對世間種種事物的關注從未間斷。同時，他也無比熱愛運動。比如一九六八年秋天的墨西哥奧運，每到電視直播時間，他就開始心神不定，根本無心口述。我這個外行，曾經疑惑老師到底是什麼時候進行哲學思索的，但畢竟他是經過千錘百鍊的唯物論者，往往最終出來的論稿都展現著自身的思索結果，真是不可思議。

另一方面，真下信一是看起來很富裕的學者，是一位會讓人覺得與馬克思主義等沾不上邊的人物。他住在名古屋，為了開會才來東京，會議之後一杯酒下肚，就對我說：「把久野叫來！」久野收不僅是哲學家，也忙於「越南和平聯盟」等社會活動，經常不在家。不過叫了好幾次，久野收總有一次答應真下老師的要求，特意從石神井跑到東京市中心。可是，久野明明不喜歡喝酒，我想他們可能有什麼特別的交情。聽說兩位以前在京都大學時代是學長、學弟的關係，但是為什麼久野只在真下面前抬不起頭來呢，真是耐人尋味。也許跟一九三〇年代日本處於閉塞的思想狀況中，幾乎可說是唯一創造出自由豁達的平台《世界文化》等團體裡發生的事情有關。

真下老師喝酒以後所說的話，跟馬克思主義無關，聽起來像是高高在上的大老爺對俗事的評論。古在老師也有類似的言行，但我還是覺得有某種難以割捨的魅力。後來我調到新書編輯部，以《思想的現代化條件：一位哲學者的體驗與自省》（一九七二）為題，出版真下老師的文集，收入在「岩波新書」。比起抽象的理論，猶如從老師身體裡滲透出來的思想，讓我們感悟到一位馬克思主義者的充實。

還有一位是梅本克己。他為《人的哲學》卷撰寫了〈人類論的體系和今天的問題狀況〉及〈主體性的問題〉，還為《日本哲學》撰寫了〈形而上學的批判與認識論〉。我的大學畢業論文，以馬克思的異化論與社會科學的關係為中心進行概括，因此對梅本老師的主體性論深感興趣。自進入《思想》編輯部之後，我經常得到老師的指導。後來負責「岩波新書」中《唯物史觀與現代（第二版）》一書的編輯工作時，我曾多次到老師位於水戶的家拜訪。

然而，老師在一九七四年逝世了。有關那段時間的事情，我曾記述在本來要收錄在梅本老師悼念文集的原稿中，我引述如下（由於某些原因這個原稿未曾提交）。

> 《唯物史觀與現代（第二版）》成了老師的遺著，這本書是以唯物史觀是否已經崩壞？馬克思的預測是否錯了？這樣的問題開始的。第一版（一九六七）是從尼采（F. Nietzsche）的預言、虛無主義的到來開始的。
>
> 第一版刊行當時，我向老師請教講座「哲學」的工作。偶爾聊起了尼采的魅力，老師說按照現在的水準來判斷可能有不少誤譯，但是最能向人們傳達尼采魅力的是生田長江的翻譯，長江譯的尼采全集是我最愛讀的，說這話時他還輕鬆地站起來去拿書。他也曾說第二次世界大戰期間，希特勒青年團（Hitler-Jugend）來到富士山下的原野舉行了遊行集會，他們行進中金髮掩映的矯健身姿，無法形容的美麗。
>
> 去年底，在他還沒遷到新居前我曾去拜訪，老師說起了他的大學畢業論文是寫關於親鸞[5]的。老師出來玄關迎接我之後，大概只給我五分鐘喘口氣，接著跟他也只能斷斷續續地說話。他說自己不能喝，但我要多喝點。他讓我喝白蘭地，並告訴了我有趣的事情，和辻哲郎

老師曾勸誘他要不要把畢業論文刊登在《思想》雜誌上。他那吸引人的、讓人無法移開視線的文體秘密，我想也許跟老師醉心於親鸞和尼采有關。與老師的這一面重合映照在一起的是，老師快樂地斟酒的身影。一九六六年在《思想》，老師與宇野弘藏老師進行對談的時候，他乘車來到位於大洗的旅館。題為「社會科學與辯證法」的對談扣人心弦。對談之後的閒聊也很有意思。和對談時截然不同，在輕鬆愉快的氛圍中，老師多次續杯。

老師逝世那天的下午，我在老師遺體旁邊，看著窗外宅地房屋之間僅存的雜木林。老師格外喜愛這片細小的雜木林。窗戶邊有特別訂製的書架。為了能夠擺放兩層圖書，老師悉心考慮，把書架裡面一半的空間做高了十公分。老師曾經說，如此一來，後排的圖書最少能看到一半書名。老師的新居並非豪宅。

在《唯物史觀與現代（第二版）》中，史達林主義批判幾乎消失之餘，關於中國革命的評價大大出現……這樣的說法也在其他地方看到過。在第二版中，最少對第一版的三分之一做了全面的修訂。在修訂中，我最受感銘的內容是：「（在資本主義社會裡）儘管個人的優秀才能得以實現，但是被實現的才能為何勢必成為特權的事物呢？特權就是對他者的支配。」（第一三〇頁）

「在陽光照耀的房間裡，我想要一邊眺望窗外的雜木林一邊重新展開思考」。梅本老師如是說，對於搬進簡樸的新居，他曾經喜悅地期待著。

與藤澤令夫的酒宴

曾經邀約藤澤令夫撰寫〈哲學的哲學性〉（收錄於第一卷《哲學課題》）、〈哲學的形成與確立〉（收錄於第十六卷《哲學的歷史Ⅱ》）兩篇文章，都是探究哲學存在狀態的力作。

藤澤在長野縣富士見有別墅。從國鐵車站坐巴士差不多要一個小時，在終點站下車，徒步三十分鐘登上小山丘的中部地帶，就可以看到建造於此的小房舍和周圍盛開的金萱等花朵。幾間別墅各處散布著，據說都是京都大學人員的。在漫長的暑假期間，獨自待在那裡足不出戶埋頭工作，這是老師的習慣。這樣的習慣一直持續到晚年，是他最享受的樂趣。

「講座」開始後的翌年（一九六八）夏天，為了催稿，我前去藤澤的別墅。當我如實告知時，藤澤邀約我說：「催促是順便的，來玩一趟吧。」他到巴士終點站接我，並到當地僅有的一家商店採購了做飯的材料，然後往家裡走。藤澤首先帶我參觀別墅的後院，說讓我看看那裡的小池子，幾尾美麗的鱒魚在水池裡游著。藤澤說：「這是附近的人幫我捕的，今晚請你吃啊。」但是很遺憾沒吃到。因為幾個小時後再到池子一看，一尾都不剩。聽說是因為經常有黃鼠狼、狸貓等出沒。雖然鱒魚沒了，但有藤澤精心料理的美味菜餚佐酒。夜晚滿天星星，在大自然裡獨自一人與希臘的哲人們孜孜不倦對話的藤澤，令我深懷敬意，至今難忘。

次年，我再度到富士見拜訪。這次為了給正在奮力撰稿的老師打氣，我把他拉到富士見的飯館。

兩人開始喝酒，不一會兒已經排了十個空酒瓶子。我們的座位在二樓，飯館的女侍用盤子把菜和酒瓶送上來，正當女侍走到樓梯的一半時，藤澤不知道想起了什麼，突然站起來唱了「三高」❻的宿舍之歌。因為聲音實在太大，女侍非常吃驚地從樓梯中的間隔跌到下面去了。還記得我們兩人慌慌張張地起身幫忙把她拉起來。酒瓶數量繼續增加，最後好像差不多接近三十個。那天，藤澤一個人回別墅去，在山路上一邊大聲唱歌一邊走回家。某位京都大學教授後來在《京都新聞》上寫過這件事。而我則是乘坐夜車返回東京，但是第二天因為宿醉無法起床。

其後的三十多年，我經常和藤澤喝酒，多數是在京都喝。晚年時，他偶爾也會帶夫人一起來。為什麼我們會那樣經常一起喝酒，這跟藤澤的生活模式有關。他每天很早起床，首先慢跑數公里，吃過牛排早餐後才開始工作。有課的時候到大學去。晚上通常在家裡喝酒、吃飯，早早就寢。因此，比較有可能跟他在晚上時間聚會。

本來就不單純是為了喝酒。我後來邀請藤澤擔任「新岩波講座・哲學」和「講座・轉折期的人」的編輯委員；當然，我也委託他《理想與世界：哲學的基本問題》等一些單行本、新書和文庫的著述，主要作品都已收進《藤澤令夫著作集》（共七卷，二〇〇〇—〇一）中。

最後我以一件讓我由衷驚歎的逸事來結束這一節。是關於藤澤的退休紀念演講。演講是在一個階梯式的大教室舉行，很多哲學和其他領域的學者都列席了，最令我印象深刻的是高齡的壽岳文章老師坐著輪椅坐在最前排。藤澤透過芝諾（Zeno）有名的龜兔賽跑悖論等，講述希臘哲學的種種問題。讓我驚訝的是，他的這些論述已分別出版成著作和論文，構成恢弘的集大成。比如刊載在《西洋古典學研究》裡，關於蘇格拉底（Socrates）以前的哲學家的某個斷片的學術研究，非常專門深入，就是集大成中一個精彩的部分，讓我明白了學者的一生原來如此，我只能再次驚歎。能夠躬逢其會，是何等的幸福。

2　與編輯之師相遇

「你們不可能拿到稿子的」

林達夫在第四卷《歷史哲學》中撰寫了〈精神史：一種方法概論〉。當講座的內容介紹（宣傳冊）製作好時，我與F課長及K前輩一起拿到主管室，小林勇（當時的岩波書店會長）看過後說：「這裡寫了林達夫，但是你們絕不可能拿到林老師的稿子。萬一成真，我剃頭當和尚去！」小林勇敢這麼說，自有他的一番道理。因為過去十年多，林達夫完全輟筆了。

關於這個著名論稿的內容毋庸言及。但是有必要記一筆，〈精神史〉發表時，在文化人之間流傳夾雜著讚歎「林達夫依然健在」的評論。而且我曾被三、四位略知林老師一二的人詢問：「他真的寫了嗎？」其中一位相熟的學者直接問我：「你到底用了什麼方法讓林老師寫稿的？」

可是，作為責編的我沒有做過任何特別的事情，只是純粹當一個聆聽者，努力盡快為林老師找到他需要的書籍（幾乎都是外文書）。後來他答應我們以〈精神史〉為核心整理成單行本。有一封當時林老師的來信，節錄如下：

> 日前我把至為重要的事情給忘了。

工作附帶的義務——為了作繭自縛，另張紙上所列的書籍，如能代為訂購則幸甚。
標有紅圈的希望空運。書出版後，費用請從版稅中扣除。

雖然費了很長時間，但也終於到了前往接收〈精神史〉稿子的日子。我經過老師位於鵠沼的住宅書齋，夫人給我端了茶，趁著林老師還沒出現時跟我說：「在林還沒有完全把原稿交到你手上之前，絕對不能看。」林老師一邊把稿子遞給我，一邊看著夫人的臉說：「記得交稿給小林（勇）君時的情形嗎？他多次來催促，一頁、兩頁的拿走。最後的那天，他一直等到半夜我都還沒寫好。天亮時我終於完成了，打開窗戶一看，小林君沙沙地撥開庭院落葉出現了。他說昨晚已經沒電車了，只好裹著庭院的落葉打盹。」我終於明白小林說出：「你們這幫小毛頭絕不可能拿到林老師的稿子」的這番豪語的理由。但是，小林勇並沒有遵守約定去當和尚。

林達夫的聖與俗

經由這個講座的編輯工作我學到了很多，對我來說，能夠遇到編輯之師林達夫，實在很幸運。包括其後的逸事，雖然有點長，但還是應該將十多年前發表的文章再抄錄如下（此文收錄於久野收所編《回想林達夫》，日本編輯學校出版部，一九九二）：

作為編輯的林達夫

前言

對於林達夫這位偉大人物，光照射在他某個側面時，可以描繪出什麼樣的形象呢？我在近三十年編輯生涯的最初階段與他相遇，其後不斷受到啟發，因此被指派以「作為編輯的林達夫」這樣的題目撰文，為報知遇之恩，當然義不容辭。

我就職於以學術出版為中心的出版社，有很多機會接觸優秀的學者、研究者。但是林達夫並非學者，也不是研究者。稱他為思想家也許不錯，不過就此一錘定音也未必恰當。那麼姑且稱之為「倫理學者」（moraliste）吧！這是最貼切的。如果要更加切題的話，應該是「作為倫理學者的編輯」吧。我以超過二十年的體驗，暫且在這樣的定義上來談一下林達夫。

一　編輯的資格

這件事是發生在一九七二年初夏岩波新書的編輯會議上。在每周三上午舉行會議時，我是剛加入新書編輯部的成員，還需要負責接聽電話。那天我毫無預感地拿起了話筒，另一端傳來了震耳欲聾的聲音。

「米開朗基羅（Michelangelo）是人類天才必入五甲的人物。與馬基維利（N. Machiavelli）比相形見絀之類的話是怎麼回事。這麼基本的事實都看漏眼，你說得上是個夠格的編輯嗎？如果對我的話有異議，就說來聽聽！」語調激越的斥責持續了三十分鐘。我只有回答「是」或

「嗯」的份，繼續在開會的其他編輯部成員開始察覺氣氛不對勁，「到底怎麼回事？」「被林老師痛斥了一頓。」——除此以外我什麼也無法說明。

已故的京都大學文學系教授清水純一，曾為我們撰寫了新書《文藝復興的偉大與頹廢》，其中簡明地描繪了布魯諾（Giordano Bruno）的一生及其思想。清水在此前數年已有關於布魯諾的大作問世，這次以新書這種小規模的形式承載精彩的內容，寫出了名著。林達夫一直對文藝復興非常傾心，新書出版後我們送上一本給他。

持續三十分鐘的斥責以此句話完結：「清水君有關布魯諾的分析很道地。但是第Ｉ章的這句話卻把整本書給毀了。沒有注意到這一點，是你這個編輯的責任。」作為編輯必須知道人類天才有什麼人，哪位天才排名於哪個位置——「真有點奇怪。這不是很本質的事情嘛」，實不相瞞這是我當初的心境。

然而，在一連幾天的思考中，我逐漸覺得作為編輯，也許真的需要以這麼大的標準來判斷事物。問題不在於米開朗基羅是否必須歸入人類天才五甲，而在於即使是對生活在數百年前的人物，也必須要有判斷的標準，這肯定是林達夫想說的。但是，我真正明白話筒那端異常激昂話語的意義，差不多經歷了二十年的歲月。

編輯的工作是產生新的見解，因此在某種意義上，對人類迄今積累的東西必須要有總體的瞭解，否則無法判斷什麼確實為新。這成為了非常艱巨的事情——其後的二十年，我一直嘗試努力去做，但如此狂妄的目標當然無法企及。不過，我心裡不斷反芻編輯工作的重要性。

想想看，林達夫對於自己喜歡的人，無論是學者也好，編輯也好，都會千方百計啟蒙、激發他們。對我而言，這樣的啟蒙、激發不勝枚舉（當時遇到這樣的事情經常覺得膩煩，但是現在真的感到非常值得慶幸）。通常到平凡社的辦公室去拜訪林達夫時，都是這樣的情況，「夸黑（Alexandre Koyre）最近的書你讀了嗎？」「舍萊姆（Gershom Scholem）寫的關於猶太神秘主義歷史的書你知道嗎？」每次一定提出十個以上跟書有關的話題，而且幾乎都是外國最新出版的。林達夫跟我只談英語或法語的書，但聽一位德語很好的編輯朋友說，跟他一定也會談到德語新書。

在此介紹一個最具啟蒙、激發的例子。某天林達夫突然出現在公司櫃台，跟我說：「這本有趣的書我多訂了，送你一本。」那是咖特（Jan Kott）的新作《吃掉眾神》（*The Eating of the Gods*，一九七三）——波蘭出身的戲劇評論家所寫的希臘悲劇論，林達夫專程拿到出版社給我（當時，咖特的前作《莎士比亞，我們同時代的人》〔*Shakespeare Our Contemporary*，一九六四〕是我們的共有財產之一）。因此在下次與他見面時，我必須把書通讀了，而且要說出一、兩點感想來——結果是，我買了一整套人文書院出版的《希臘悲劇全集》（一九六〇），並不得不抱著英文詞典拚命苦讀（以後的經驗使我明白，帶書來脅迫我是林達夫的策略）。還真多虧了他，我才得以把希臘悲劇全讀了一遍。

這樣的啟蒙和激發——至少後者——對於編輯是必不可少的。林達夫親身教會了我，絕不容許自己發生的事。那就是成為某一領域的專家。即使在文藝復興的研究上具有超越研究者業績的累積，但並不止步於文藝復興的研究。正如林達夫常說的口頭禪「我希望一直當個業餘愛好者」。一方面作為編輯，整體地認識理解人類遺產，另一方面不斷當個業餘愛好者，

作者的「編輯之師」林達夫（左），與被林達夫認為是「半世紀才能遇到的一位天才」的山口昌男（右）。作者四十年的編輯生涯，與兩位建立起非常深厚的關係和合作。

好保持輕快的步調——是林達夫的生活態度讓我這樣思考的。

二　世俗的側面

編輯的工作理所當然地，只有置於時代的現實裡才能有效發揮。必須浸透於現實之中，而且整體地參照人類的遺產來做出判斷（假設那是可能的話）。譬如學院派的現實，它並不是只靠所謂純粹學問研究的美麗動機支撐，這是不言而喻的；也往往受名譽欲望和派系的妨礙所侷限。在徹底瞭解學院派的現實，正視其封閉性之後，當體現新感受和新思想的人物出現時，不拘泥於頭銜和體系做出正當的評價：這是作為編輯的林達夫所顯示的卓越姿態。首先正是這點，使我一直尊崇林達夫為師長。

一九六六年，我剛起步，作為《思想》雜誌編輯部的成員，有幸得到山口昌男撰寫題為〈文化中的「知識分子」圖像〉的論稿。當時還是沒沒無聞的山口，其知識分子論是後來開花成為跨界者的基礎。林達夫注意到了被放於《思想》接近卷末位置的山口論稿，當我有事去他鵠沼家拜訪時，他對我說：「山口君是怎樣的人？那麼，你很熟悉他嘍。這樣的人一定要好好珍惜啊，依我看他是半世紀才能遇到的一位天才。」其後山口的活躍，證實了林達夫的預言。

同樣地，林達夫喜歡發掘各個領域最有希望的新人，讓他們在自己有關係的報刊上嶄露頭角。比如大概在十年前，我見到高齡的波多野完治老師時，他跟我說起自己年輕時能夠以修辭學論在《思想》初登場，完全是因為林達夫的推薦。而比較近期的，則可以列舉作家庄司薰和評論家高橋英夫為例。

另一方面，作為平凡社百科事典的負責人，林達夫為了調解不同學界的老師，奔走於東京、京都兩地而歷盡艱辛，據說當他因為那些學院派或人事的糾紛而感到疲憊時，就會在箱根的群山裡走動，讓心情平靜。但是對那樣的事情從不多談。

不多談的事情中，有林達夫的愛憎問題。例如與三木清、和辻哲郎之間。特別是對於三木清的思想，林達夫確實曾嚴厲批判。從言語端倪推測，大概是因為即使在構想力的邏輯等與自己的看法非常接近，但卻於微妙之處有不同的見解。而對於和辻哲郎的跨越既成的思想史和哲學界限，冒險向前探索，他一直給予高度評價。提到當前紅極一時的某位知名哲學家，他則說：「××君作為哲學學者，不斷地挑戰新課題這點很好。如果和辻還在世的話，相信他也會做出同樣的事，不過會在進一步增強了實力以後才如此。」但是，以白蘭士及其後開展的年鑑學派的研究等對照，他是批判和辻哲郎的風土論的。總之，他確實深深愛惜上述兩位。因此，對於兩位的批判也極為嚴厲（基本上林達夫什麼也不說，而且對他來說或許也是決定性的事情是，對女性的愛憎問題。但是這偏離本文的主題，也沒有確切的資料，只好省略）。

有關林達夫的時髦精神，已是眾所周知。這種理性的時髦形成林達夫編輯工作的基礎，在國家主義風潮高漲之時，西歐化的時髦行為本身明顯地是一種抵抗形式。身穿粗花呢上衣，脖子圍著絲巾的身影，與林達夫暮年精神上的豁達重疊。即使晚年臥病在床，林達夫也沒有失去他的時髦精神。我曾多次轉告林達夫，山口昌男和中村雄二郎等親近的人，再三提出想去探視他，但是他一次也沒有答應。「因為與他們見面，我必須要學習兩、三個月才行啊。」他一直這樣說而婉拒探望。

三　對神聖的憧憬

鵠沼的林宅很美。灰水泥牆和橫梁外露的英國民居風格的建築，據說是林達夫親自設計，並籌畫安排室內設計細節的。比如我曾經聽他說起費盡心思搜尋門的把手，結果是在淺草的工具店訂製的（然後接著由此展開齊美爾〔Georg Simmel〕論，這是不折不扣的林式風格對話）。庭園也很漂亮，一點都不會讓人感覺到是日本風庭園，而是自由建造的，裡面有許多珍貴的外國種植物。敬愛林達夫的學者或研究者，會從他們留學的地方把大型園藝店的目錄和植物園的指南圖冊寄送給他。

我應邀到這美麗的家，首先會注意到的是，在書架側面、壁爐檯上，還有寫字檯上裝飾著幾張樸素的聖母馬利亞複製畫像。以我貧乏的文藝復興繪畫知識，雖然無法很明確地識別，但至少看得出其中有喬托（Giotto）和席耶那（Siena）畫派的作品。這些東西明顯有別於林達夫的知性時髦精神。通常林達夫熱情談論的是，達文西（Leonardo da Vinci）和拉斐爾（Raphael Cenci）等巨匠的事蹟或他們工作室的狀態。基本上都是最為絢爛興盛的、人道主義的文藝復興時期的事情，絕不會是可以看出早期樸素的基督教信仰作品。但是，如果知道林達夫喜愛的文學作品之一是法朗士（Anatole France）的〈聖母院的雜耍人〉（Le jongleur de Notre-Dame），就應該不難想像，他心之所繫的是人類最樸素、最純粹的信仰狀態。事實上，他與年歲差不多的宗教人類學者古野清人（已故）關係非常密切，從兩人的談話可以瞭解，林達夫對宗教抱持著莫大的關心和深厚的知識。同時，談到有關哲學家松本正夫的工作時，也可以推測，他一直在關注新托馬斯主義（Neo-Thomism）的動向和蘇聯的宗教狀況。《共產主義的人類》的作者林達夫先生原來具有這樣的宗教知識背景。

同樣的，他也體現了對文化人類學和民俗學的炙熱關心。就是說，人的原始狀態是如何？與其相應的人類文化是什麼？甚至於對現代文化和政治狀況也由此進行判斷。換言之，就是將人類史上的定位與字面上的全球化視點兩者交叉而成立，這是林達夫對事物的見解。當然是我難以企及的，我景仰林達夫，把林達夫尊為編輯之師的最大理由正在於此。

在前言所寫的「作為倫理學者的編輯」正是這個意思，這裡的倫理學者與通常意義的倫理幾乎無關。大膽地說，他可謂是人類原本狀態的探究者、從那裡發端的人類觀察者。

結語

我沒有參加在藤澤舉行的林達夫告別式。雖然出席了前夜儀式，但是極力避免與認識的人交談，並且很快地離開了會場。沒有什麼清楚的理由，只是覺得這是林達夫式的做法。

3　個性突出的人們

京都作者們的尺度

我與很多哲學學者認識是緣於講座的編輯工作，而非常獨特、活躍的學者大部分居於京都。如上山春平、梅原猛、橋本峰雄、山下正男等。他們的共通之處是，雖然都出身京都大學，但與京大的學院派劃清界線，當時他們正大膽展開獨自的思索。

上山、梅原、橋本幾位就日本思想土壤中的哲學應有狀態進行摸索，梅原則再進一步，讓本來意義上的存在主義哲學氛圍更為濃厚充溢。在《文化》卷中撰寫了〈文化中的生與死——文化交流與哲學〉的他，曾在學會上說：「逐字逐句研究尼采，並不是尼采的方式」，對某知名的尼采研究者抓住不放，是椿有名逸事。

我經常與梅原見面，有時他酩酊大醉地說：「我向那家酒吧的女士求愛，碰了釘子」之類不知道是真話還是假話，然後抱著頭。但是《地獄的思想》等向日本思想史的未開拓領域果敢挑戰的姿態，卻實在精彩。透過講座的文章，可以看到他日後多方面活躍的雛形。梅原還常常說，東京的哲學學者值得評價的只有兩個人——生松敬三和中村雄二郎。當時兩人也正在開拓獨自的道路。因為我經常與兩位會面，所以屢受梅原老師之託給他們帶話。

上山為《價值》卷擔任編輯並執筆〈價值體系〉一文，以及為《日本哲學》卷撰寫〈思想的日本特質〉。與上山見面，一定是去他位於太秦的家。經常聽上山老師談起，年輕時也曾為存在主義的問題所困惑，修禪後體驗了形形色色的身心修鍊。還詳細告訴我他正在奮戰的課題，這些課題都超越了狹義的哲學領域，是對日本、日本人本質的宏大提問。我聆聽了這樣的談話，每次都是懷著無限興奮的心情離開上山家，而他總是送我到門外，直到看不到我的背影才回去。

上山的後輩、京都大學人文科學研究所的牧康夫逝世之後，我們編輯出版了他的遺稿集《佛洛伊德的方法》（岩波新書），那時上山的誠意和盡力令我至今難忘。三十年之後，得到他惠贈的全十卷著作集，當我看到以往的談話成為一部一部的大作，感歎他實在是了不起。

橋本同時是黑谷名寺的住持。在《日本哲學》卷裡撰寫了題為〈支撐形而上學的原理〉的文章，與三宅雪嶺、西田幾多郎，以及田邊元等一同寫了清澤滿之的事情。如同清澤所做的，橋本也曾經試將西洋哲學和日本思想融為一體。他人格溫厚，受眾人愛戴，但能夠參透他覺悟的人卻不多。他英年早逝，葬禮的前夜，在黑谷漆黑的樹叢中被無奈的喪失感所籠罩的，肯定不止我一人。

山下在《價值》卷中撰寫了〈價值研究的歷史〉一文。山下與上述三位不同，在邏輯方面進行獨自的理論探索。但是在不被京都大學正統學院派所包容這一點，是與三位共通的。拜訪老師位於桂離宮附近的家，聽他講那些與慣常談論的西洋哲學史有所不同的話題，是我秘密的樂趣。其後還邀他撰寫了《邏輯學史》（岩波全書，一九八三）、《邏輯性思考》（岩波Junior新書，一九八五）兩書。

東北勢力的活躍

轉換一下話題談談仙台的哲學學者。仙台的青年才俊：現象學的新田義弘、瀧浦靜雄、木田元等人的老師三宅剛一，我在《思想》編輯部時代曾得到他的賜稿。我曾經到學習院大學附近的宿舍拜訪他，他平靜談話的姿態讓我印象深刻。與後來從木田那裡聽到的一面差異甚大。

河野與一和我經常在岩波書店會面。河野在多方面有直接或間接的弟子，很有意思。以研究萊布尼茲（Gottfried Wilhelm Leibniz）知名的石黑HIDE也是其中一位。

為了邀石黑女士為講座月報撰稿，我曾前往石黑女士位於青山、與岡本太郎老師為鄰的住宅訪問。我一邊看著她讓人目眩的、穿著迷你裙的身影，一邊聽著她從英國哲學談到社會科學，以至戲劇。例如社會人類學學者蓋爾納（Ernest Gellner）的人格、品特（Harold Pinter）的最新作品等。我驚訝於有這樣的哲學學者存在，因此後來從她編輯的英文哲學叢書中，選取了泰勒（Charles Taylor）的《黑格爾與現代社會》（*Hegel and Modern Society*），並委託仙台的渡邊義雄翻譯出版了單行本等，持續了長久的關係。最近見到她，是在美國有良知的書籍編輯希夫林（André Schiffrin）的歡迎會上，聽說石黑女士與希夫林夫婦是很親密的朋友，令我再次驚訝於她廣泛的人脈。

其後編輯「新岩波講座・哲學」時，請了前面提到的瀧浦、木田擔任編輯委員，以岩田靖夫為首的東北勢力的活躍引人注目。但是我個人的交往，還是以瀧浦、木田兩位為多，並且邀約兩位撰寫出版了多冊的單行本和新書。在下面還會談到兩位的事情，不過在這裡先說一件事，就是我每次造訪仙台與瀧浦一起喝酒的時候，他一定會說：「木田君在做什麼呢？」然後通常是從喝酒的地方打電話到東京；另一方面，在東京和木田、生松喝酒的時候，木田經常念叨「瀧浦現在正做著這樣的工作」之類，他們兩位超越距離的友誼令我羨慕不已。

來自奈及利亞的稿子

接下來要提到在《文化》卷登場，並不是哲學學者的山口昌男。山口曾為我們撰寫了題為〈非洲的學術可能性〉的文章。當時正在奈及利亞進行田野調查的山口經常來信，但是他最初對講座的約稿並不感興趣。一九六七年三月的某封來信是這樣寫的：

正如大塚君所知，像講座這種吝嗇的出版形式不是小生的一杯茶，看著所列的名單，浮出了「The Cult of Fame in Journalism in Japan」這句話，感覺不到一丁點創造性的東西（儘管大塚君很努力）……請將小生作為指定代打（pinch hitter）來考慮。如果是三十頁左右，無論出或不出，先在筆記本上試寫一下應該是可以的。

但是，在七月的某封信中，老師如是說：

時機成熟了。

坦白說，這兩個月我經常在思考如何完成「大塚哲學講座」。在調查的空閒時想，晚上在小屋子裡一邊喝酒一邊聽著錄音機播放的樂曲時也想，開著車到處走時都在想。就是說，必須用與以往完全不同的條件來寫作，對於像小生這樣埋在書中邊哼歌邊寫成文章的人來說，是相當難的事情。

然後在九月的來信中，他寫道：

原稿已完成隨信附上。頁數超過了。希望你從非洲的廣袤來考慮並加以容忍。即便如此，也只是使用了調查材料卡片上的三分之一。要不是抑制著寫的話，可能最少兩百頁。在屢屢接到「重新書寫哲學史」、「真正全新的」之類不安分的，或者說是激勵話語的情況下，我不知不覺使勁了寫。也是覺悟到自己對那些故弄玄虛、裝腔作勢的學究的反感。

在這裡寫到的觀點，山口回國後，在《未開化與文明》（「現代人的思想」叢書十五，平凡社，一九六九）的解說〈失落世界之復權〉中有進一步的闡述。寄來的原稿是寫在像出納帳目本那種有紅線的紙上，正反面都是密密麻麻的小字。因為大幅度超過了要求的頁數，在得到山口的諒解下，我盡可能做了壓縮。然後向《文化》卷的兩位編者鶴見俊輔和生松敬三報告了內容，他們認為是劃時代的論文，並同意將它放在文化個別考察的開端位置。

某次山口說：「有一個很厲害的年輕人」，並把青木保的信給我看。青木當時還是東京大學研究所學生。青木在上智大學德語系畢業後，進入研究所學習文化人類學，在某種意義上與山口有著相似的經歷；而且和山口一樣，都是知識面極廣的學者。大概是我在《思想》編輯部的時候，一次在御茶水的一家天婦羅餐廳二樓，我向飯田桃引見山口，青木也跟著一起來。還記得曾經和青木談到了當時以印尼爪哇的田野調查研究為基礎出版了大部頭著作的紀爾茲（Clifford Geertz）。

一九七一年，我請青木為講座「哲學」的月報撰稿。他以「未開化社會與近代的超克」為題，寫了關於美拉尼西亞（Melanesia）的「草包族」（Cargo Cult）。現在想起來，這篇短論潛藏著可以預想日後青木活躍的幾個要素。直到今天，我與青木長久的交往依然持續。

思想開展的核心

最後寫一下中村雄二郎和市川浩。

中村為《人的哲學》卷撰寫了〈結構主義與人的問題〉，為《語言》卷撰寫了〈言語、表現、思想：「制度」的語言和「敘述主體」之間〉。老師也曾為《思想》執筆「《思想》的思想史」連載，因此經常會面。他為講座所寫的兩篇論稿，成為日後思想開展的核心。自此我和他建立了長久深厚的交情，如同藤澤令夫，一直到出版著作集（I期、II期）。接下來還有不少機會提及，暫且說到這裡。

稍微詳細說一下已經逝世的市川浩。與市川最初見面，是在西荻窪的「木人偶」茶館。大概是一九六四年。當時他還沒進東京大學念研究所，因為從京都大學畢業後在報社工作了一段時間，所以年齡比一般學生稍長。從那時開始，他對於人類行為和世界，除哲學以外，還不斷援引生物學和動物行為學進行綿密的考證，非常獨特。

老實說，當時的我尚未具備能夠十分理解市川思維方法的素質。雖然覺得非常有意思，但是無法充分掌握其含義。後來讀了梅洛龐蒂（Maurice Merleau-Ponty）和烏也斯庫爾（Jakob J. B. von Uexküll）等的著作，才開始明白真正的含義，我實在淺陋。不過得到他概括〈人類行為與世界〉的論稿，刊於一九六五年二月號的《思想》。我在那個時候還無法預見市川日後的活躍，尤其身體論劃時代的思想開展。

論稿初次在《思想》刊載之後不久，市川浩的父親市川白弦老師（經常在《思想》登場。撰寫有關禪和存在主義，以及佛教徒的戰爭責任論等眾多獨特的論稿）在御茶水的一家法國餐廳請我吃飯。白弦老師對兒子的論稿能刊登在《思想》上感到非常高興，他對著年齡上可當他兒子的我鞠躬，拜託我今後也多多關照。很久以後我參加白弦老師葬禮時，回想起這幕情景感慨萬千。

市川浩為《人的哲學》卷撰寫的〈作為精神的身體和作為身體的精神〉，為《語言》卷撰寫的〈藝術與語言〉，都在日後成為他身體論和藝術論的哲學思想核心。我後來與市川維持了長久的關係。他為「新岩波講座・哲學」撰寫的、被認為是絕筆的文稿〈斷章・世界形成基於身體〉（收錄於第一卷），在家屬的要求下由我代替他校對，此事難以忘懷。尤其是身體論的開展，使我深切感受到市川的工作有多重大。

我們最後的一次談話，是在千駄谷的國立能樂堂看完能樂回家，一起走到車站的途中。市川只能走得很慢很慢。但是，我記得雖然僅僅是十五分鐘的時間，我們談了各種各樣的話題。在總武線的月台，我目送他坐上電車。

第三章　新書編輯和法蘭克福國際書展

1　青版的時代

最初負責的名著

講座在《歷史哲學》（第四卷）出版後結束。時為一九六九年。結束的同時，我被調到岩波新書編輯部。

我在新書編輯部一直待到一九七八年，因此經手的新書數量眾多。青版和黃版共計大概六十冊。新書因為字數有限制，而且是以一般讀者為對象的啟蒙書，所以要向作者提出種種要求，當然溝通交流也就變多了，必須與作者建立更深厚的關係。以下，寫一些印象特別深刻的例子。

最初被委派負責的新書是，多伊徹（Isaac Deutscher）的《非猶太的猶太人》（鈴木一郎譯，一九七〇）。我很早便開始關心猶太人問題，因而對於能被委派負責這部名著，感到非常幸運。後來在「現代選書」中出版了卡津（Alfred Kazin）的《紐約的猶太人》（*New York Jew*）、舒爾曼（Abraham Shulman）的《人類學者與少女》（*Anthropologist and the Girl*）、伯克維奇（Reuben Bercovitch）的《野兔子》等，對猶太人和大屠殺的問題，與對語言的關注並列，是我作為編輯主要關注的重點之一。

我被委派負責編輯的第二本書是小田切秀雄的《二葉亭四迷——日本近代文學的成立》（一九七〇）。當時的新書編輯部，跟《思想》的情況一樣，新來的編輯基本上沒有接受任何輔導，除了久了無師自通地學會自己企畫以外，別無他法。因此，上述兩本書都是前輩選好題後讓我來負責的，到自己能夠獨立企畫必須得花上大約一年的時間。

這段期間做了些什麼呢？我不停地做再版的工作：通知作者、訂正錯字等等，必要事務出乎意料的多。因為那時候出版物的壽命並不像現在這麼短，所以每月數十種的再版工作需要有人負責。這是新書編輯部員工都必須歷練一次的經驗，猶如啟蒙。

首個獨立企畫

我最初實現自己的獨立企畫是木田元的《現象學》（一九七〇）。當時我在哲學領域中逐漸關注現象學，但在編輯會議提案時，大部分人都不知道那是什麼。而且木田的名著《現代哲學——人類存在的探究》（日本廣播出版協會，一九六九）當時剛刊行不久，對一般人來說，他還是初出茅廬的無名哲學學者。幸虧出席會議上，我們公司的編輯顧問粟田賢三，積極支持在這個時間點出版現象學啟蒙書的意義，企畫才得以通過。粟田也是古在由重、吉野源三郎的朋友，是知名的馬克思主義哲學學者，他以靈活的姿態應對新趨勢，令我非常感激。

有關這本新書的出版，木田本身有記述（《從猿飛佐助到黑格爾》，岩波書店，二〇〇三），我得到他的許可在此引用。我好不容易才成為獨當一面的編輯，在他的筆下卻宛如資深編輯，這也是其中一例。

接著在昭和四十五年（一九七〇）岩波新書出版了我的《現象學》。我對這本書記憶深刻。到前不久一直擔任岩波書店社長的大塚信一那時才三十出頭，與生松君和我三個人經常去喝酒，大概在昭和四十四年的秋天，談到要不要試試以「現象學」為題寫一冊新書。當時的岩波新書都是功成名就的老師撰寫的著作，我覺得那是開玩笑而避開了話題。雖然也想過什麼時候可以把自己正在研究的現象學寫成淺易的新書，但是目前還沒有這樣的自信。因為我才剛過了四十歲。

然而，大塚的引導工夫實在高明，他說假設要寫的話，結構會如何呢？因為說是假設，所以我試寫了類似目次的東西，記得那是翌年昭和四十五年一月。大概一個月左右，他又說如果以整體二百五十頁稿紙來寫的話，各章會怎樣分配，請試寫一下。這也不過是假設，我便隨意試著寫了。到了三月，又提出要不要只試寫序論看看。說是試試看，因此也就寫了。最初構思了比較取巧的開頭，不過想想覺得目的性太強便作罷，於是有點俗氣地、一本正經地試著寫了。但大塚臉上的表情不大喜歡。我表示已明白了，然後按照最初的構思重新寫。這次，大塚高興地說：「是這個啊，就是這個。」我循著這個筆調在四月底寫完了〈序論〉。

接下來花了差不多一個月寫好了第一章。

之後可厲害了。從四月開始我成了學生部委員，本來不可能有時間寫書的，但是這一年正值大學學運如火如荼，五月底與「全共鬥」❼關係決裂，大學被設障封鎖，無法上課，學生部也就沒有什麼事情要和學生聯繫。雖然連日舉行教授會議，但學生部委員不出席也無所謂。整個六月就一直待在家裡。

因此，大塚每天都來取稿。那時京（東京）葉（千葉）高速道路還沒開通，不管是周六或周日，他每天坐車來到位於船橋町盡頭的寒舍，五頁也好六頁也好，只要完成的便取走。一天也沒有缺席過。

踏入七月不久，由學生部主持，把希望參加的學生帶到小諸附近的大學山莊裡，舉行為期五天的研討會。我不去不行。而那天剛好是截稿日。出發前一晚我徹夜奮戰，除了終章以外，我完成了全部的原稿。我搭乘八點半左右的火車之前，和大塚約好了在上野車站的月台把稿子交給他。差不多要開車的時間才趕到乘車月台，這時發車的鈴聲響起，我看到了大塚的身影就在對面，但是已經沒有時間親手交給他了。我確定大塚已經注意到我，就把裝著原稿的袋子放在地上，然後跳上了就近的車廂，車門隨即關上火車開動。我看著大塚跑過來拾起了袋子之後，才去找自己的座位，一坐下就睡著了。抵達山莊後，我飯也不吃，一直睡到翌日早上，同事都嚇壞了。

研討會結束回到家，校樣已經出來了。我把終章寫好，對校樣做了相當的修改補充，到九月便已然成書了。我真的覺得是被推著寫完的。

但是，要不是這樣，這本書根本不可能寫成吧。幸好評價不錯，持續不斷再刷，到最近已是第三十三刷了。某些批評有奇怪的論調，說現象學沒有理由這麼容易就能明白的。因為是以一般讀者為對象的新書形式，不淺易便毫無意義。以為哲學一定是艱深的，不艱深不成哲學，這種古怪的想法反而存在於哲學愛好者之中。

1970年作者編輯生涯的首部獨立企畫作品《現象學》的作者木田元（右）。2009年3月8日攝於日本淳久堂書店。

之後，木田為我們執筆了好幾本書，其中《黑格爾》（二十世紀思想家文庫，一九八三。現為岩波現代文庫）、《偶然性與命運》（岩波新書，二〇〇一）和《黑格爾「存在與時間」的構築》（岩波現代文庫，二〇〇〇）特別難忘。

而且他人品溫和，與生松敬三一起，我們經常在東京街頭到處遊走，一家店又一家店地喝酒。有時候，丸山圭三郎和齋藤忍隨，或者小野二郎他們也加入，這就是哲學家的饗宴，讓我度過了快樂的時光。因此，後來生松敬三去世，當我在淺草寺看到處理葬禮的木田、丸山時，淚流不止，我在電車裡也不斷哭泣，回到家裡有一段時間都不敢讓家人看到我的臉。

獨自企畫的第二本書是可兒弘明的《香港的水上居民：中國社會史的斷面》（一九七〇）。可兒老師後來還為我們撰寫了單行本《近代中國的苦力與「豬花」》（一九七九）、《新加坡：海峽都市的風景》（一九八五）。老師關注「蜑民」和「豬花」這些被歧視對象的存在，以獨特的視點描述中國社會史。

權威的意外推薦

一九七一年，山口昌男的《非洲的神話世界》出版了。儘管如此，企畫得以成立並不容易。因為當時，姑且不說林達夫這樣的有識之士，對於一般人來說，山口幾乎是沒沒無名的文化人類學學者。但是，他的實力得到了學界權威泉靖一老師的認可。我知道這情況是，某次我因事去東京大學泉老師的研究室拜訪時，談到年輕研究者的話題，泉老師突然說：「山口君行啊，雖然有點兒破格。」因為山口曾寫出學界的長老是「承包商」之類的內容，惹得一些人討厭。所以我對泉老師說的話很驚訝，同時也對他的磊落公正很感動。

多虧了泉老師，企畫才得以成立。我寫了一封信跟泉老師報告，在編輯會議上，提及了泉老師對山口的評價，以及企畫成立的內容後，在一九七一年五月二十日我收到如下的回信：

> 謝謝來函。
>
> 很高興得知山口君的《非洲的神話世界》將以新書形式出版的進展。因為他是優秀的人，所以無論如何請作為他的朋友給予鼓勵關照。我也遙祝他的力作面世。

關於《非洲的神話世界》的內容已有許多論評，我想沒有重新複述的必要。但我希望強調的是，因為這本書，神話思考的重要性和魅力一下子在日本的知識界蔓延開來。例如，一九七一年山口的新書出版後，有機會向臨床心理學領域的河合隼雄引見山口。當時河合說，山口描述的神話世界與人類的潛意識世界何其相似，並且舉了跨界者的作用等幾個具體例子。初次見面的兩人，卻如同認識十多年的朋友般意氣相投地交談，那幕情景仍然歷歷在目。

正如林達夫老師所說，山口是個天才人物，因此思路敏捷，文章追不上思考的速度。他寫的文章是飛躍的，細部是否有條理沒關係，但是整理成書當然必須調節和確認細節。

剛好當時山口初次受到法國大學的邀請，為準備演講而忙得不可開交。他設法看了《非洲的神話世界》的初校樣，但是沒有時間看二校就去了巴黎。結果二校的責任就落到了我頭上，很辛苦。不過直到今天，標誌出山口起點的這本書依然受到眾多讀者歡迎。

這期間，一位有意思的文化廣播電台製作人Y，他注意到漸露鋒芒的山口，希望以山口為中心，組織有關文化的研究會。所謂的研究會，只是每月一次聚集在文化廣播電台的一個房間，成員們邊吃午飯邊輪流提供話題，並圍繞有關話題交換意見。成員除山口以外，還有多木浩二、中央公論社的塙嘉彥和我。記得這個集會持續了一年以上。後來也組織和參加過好幾個集會，但這是第一個。

那段時間，我正忙於上田誠也執筆的新書《新地球觀》，這本書介紹了對板塊構造學說理論給予巨大啟發的韋格納（Alfred Lothar Wegener）的大陸漂移學說，我記得還談到學問的變革發端於意想不到之處。那是由於當時山口的出現，因而產生了破除講座派或工農派之類戰後馬克思主義咒語束縛的契機，也對那樣的狀況做出了暗示。

意識形態的可怕

談一下《新地球觀》。上田誠也的這個企畫，最早是參加新書編輯會議的自然科學編輯部的M所提案的。我被指派負責這本新書，從而開始窺探地球物理學和地震學的世界。我與正在為建構板塊構造學說這個新理論而夜以繼日努力的上田接觸，得以體驗到科學興隆期的狂熱和趣味。最讓人驚訝的是，我聽到上田說他在美蘇冷戰時，「就便搭乘」美蘇兩方軍艦持續進行研究。因為美蘇在世界中設置的核子試驗無線電定向網也可以用於地震觀測，而這是建構板塊構造學理論的基礎。

後來，我負責編輯井尻正二、湊正雄兩位的《地球的歷史（第二版）》（一九七四），這是過去正統派地球生成的故事，是透過地質學研究和發掘研究產生的。井尻的諾曼象發掘眾所周知。而且因為兩位與地學團體研究會關係深厚，被認為是馬克思主義的影響也波及了科學世界。特別是，這方面的觀點也對板塊構造學說理論的批判極其強烈。

井尻和湊都是很有魅力的人物，尤其是湊每次從北海道來東京時都會相約喝酒，聽他們談形形色色的事情。湊作為馬克思主義者通常談論的有：關係密切的保守黨議員傳聞、財經界的內幕，或是有關「愛奴族」的話題。但是，一旦談到「地球」，對於當時逐漸成形的板塊構造學說，便會衝口而出資產階級理論、偽科學之類的批判話語。我作為編輯，碰巧與相對的兩種理論都有接觸，因而深切體會到意識形態的可怕。儘管如此，井尻和湊都是練達的作家，《地球的歷史》絕對是名副其實非常有魅力的啟蒙書。

而上田，因為他的人格魅力，包括他的家人和他的朋友如作曲家間宮芳生老師等，我一直到現在還保持著交往。上田目前正致力於以電磁技法為基礎來預知地震的理論工作（《地震可以預知》，岩波科學叢書，二〇〇一），我對於他旺盛的知識活力只能欽佩莫名。

作者剛進入岩波書店的《思想》編輯部時，最想見的學者松下圭一。其知名著作有《都市政策之思考》。

市民自治的思想

說說松下圭一的《都市政策之思考》（一九七一）。正如我在第一章開頭寫到的，在當《思想》編輯部人員時，我首先希望見的就是松下老師。他的學術著作《市民政治理論的形成》在一九五九年已經由岩波書店出版了。

不過，強烈吸引我的是《現代政治的條件》（中央公論社，一九五九）和《現代日本的政治構成》（東京大學出版會，一九六二）。當時，有關日本社會變化的大眾社會論論爭正在進行。而與共產黨系論者嚴厲交鋒的松下老師理論，卓越地把握住不斷顯著的日本都市化和大眾化狀況。

但是超越社會主義和資本主義體制的相異，同樣地迎來了工業化與大眾化社會狀況的認知，並不是能簡單一般化的東西。馬克思主義式的思考束縛依然強大。松下在這樣的知識環境中，可說是孤軍奮戰地不斷提煉自己的理論。這就是經過《戰後民主主義的展望》（日本評論社，一九六五）、《現代政治學》（東京大學出版會，一九六八），走向《市民最低生活標準的思想》（東京大學出版會，一九七一）的歷程。然後在《都市政策之思考》中，他嘗試具體化及實踐這些理論。

松下的理論尖銳凌厲，是徹底把握和分析社會現狀錘鍊而成的。我曾經多次到法政大學拜訪，但卻一次也沒有在研究室跟他見面的記憶。每次都是在教員等候室，他在那裡專心詳細地閱讀各種報章。到了晚上經常在新宿或四谷的酒館一起喝酒。還有我無法忘記的是，每當老師的故鄉送來越前蟹時，他就請我到他家裡去，他會巧手地把螃蟹分解方便食用。

松下的見解是，都市化浪潮席捲全國，隨著地方自治體的重要性被理解而正在不斷滲透。「市民最低生活標準」已經有如流行用語般地被使用。現在，老師的理論已經像常識般扎根於地方自治體的職員中。

老師的文章比較硬，絕對說不上易讀。然而，一旦理解老師的觀點，其實他的著作條理清晰，是很容易明白的。在此介紹一段小插曲。

繼《都市政策之思考》後，一九七五年老師為我們撰寫了《市民自治的憲法理論》。為了讓憲法真正地成為市民的東西，他提出了徹底從市民立場出發構築理論的目標。因此，對迄今由上而來以國家為主體的理論，他展開非常嚴厲的批判。無論是著名的憲法學者，或是以往被認為具有良心思考的學者理論，從市民自治的觀點去看的話，不充分之處仍有很多，老師對此徹底追究。

擔任這本新書校對的是我們公司裡屈指可數的「婦女解放」評論家S女士。松下把校樣改得通紅的事，曾在出版界引起恐慌，這本新書也不例外。滿紙紅色修改的初校、二校校樣，使S女士非常辛苦，起初是一邊生氣一邊工作，到最後清樣完成時，她對我說：「這本新書的內容實在是非常精彩！」我高興極了。很久之後，再次得到老師為我們撰寫的新書《日本的自治、分權》（一九九六）。在〈後記〉中他如此寫道：

本書是繼同為岩波新書的《都市政策之思考》（一九七一）、《市民自治的憲法理論》

（一九七五）之後的第三部作品。第一部以「政策」為中心，以向都市型社會過渡為背景，提出設想、理論的轉型；第二部提到「制度」，述說了明治以來，戰後也持續的憲法學、行政法學典範的轉換；而這次是總括一九六〇年代以後自治體的改革，同時重新整理自治體的問題狀況。國家觀念的壽終正寢伴隨而來的是，政府步向自治體、國、國際機構的三分化，這成為本次的基調。在此意義上，如蒙大家把這三本書視為我從國家、階級、農村的時代，走向市民、自治、都市的時代的探索歷程，則十分榮幸。

這三本書均由岩波書店的大塚信一先生負責。我與大塚先生初次見面是在一九六六年，他當時是《思想》的年輕編輯，為雜誌六月號約稿〈市民型人種〉。一九六〇年代是巨大的轉變期，是社會科學的理論對立、黨派論爭特別嚴峻的時代。我想編輯也非常辛苦，在此再次致謝。

上面的文章中，老師說與我最初見面是在一九六六年，那是他記憶有誤。不過，他不記得曾經與剛走出校門的青年共進午餐是理所當然的。而接著的文章令我很感動。在《日本的自治、分權》之後，《政治、行政的思考方法》（一九九八）和《自治體會否改變》（一九九九）也整理成新書出版，在最後的岩波新書的〈後記〉中寫道：「本書也得到了大塚信一先生的幫忙。今天回顧過去，由一九六〇年代開始的從『國家、統治、階級』到『市民、自治、都市』的理論軸心轉變，大塚先生是第一個給予理解的編輯。」這同樣讓我感動。歲月流轉，不知不覺間已經近三十年了。

《北美體驗再考》、《現代電影藝術》等

在一九七一年，除了上列兩本書，我又遇見了優秀的作者：稻垣良典（《現代天主教思想》）、鶴見俊輔（《北美體驗再考》）、大野盛雄（《寄自阿富汗農村：比較文化的觀點與方法》）、岩崎昶（《現代電影藝術》）、木村重信（《初始形象：原始美術的各種造型》），以及河合隼雄（《情結》）。有關河合隼雄將另述。

我在《思想》編輯部時策畫了「作為現代思想的天主教」的特集，由此延伸，拜託稻垣良典撰寫了《現代天主教思想》一書。我本身一直在新教系統的學校受教育，從大學時期開始，如果真要說是屬於哪個（宗教）系統的話，我想我是透過德日進神父（Pierre Teilhard de Chardin）和馬塞爾（Gabriel Marcel）等，才對天主教感興趣的。後來在「現代選書」系列，我策畫了以依利希（Ivan Illich）為首的幾本天主教系作者的著作。

對於鶴見俊輔，我當時覺得有些不可思議。因為在此之前他從未有單獨的著作由岩波書店出版。《近代日本思想：其五個漩渦》（一九五六）是與久野收合著，其他完全沒有。我因為邀請他擔任「講座・哲學」的編輯委員，所以已經與他認識，但是想約他撰寫新書時，卻為了到底請他寫什麼主題而大感煩惱。因此我與鶴見老師會面時，只好平庸地拜託他說：「能請您把您在美國的體驗整理成書嗎？」然而，以《北美體驗再考》為題完成的新書，實在是精彩的哲學著作。採用的材料雖然與哲學完全無關，但是敘述了老師基本思考體驗之核心，我想這本書，除了哲學性，沒有其他字眼可以形容。後來從單行本《戰時日本精神史：一九三一至一九四五年》（一九八二）、《戰後日本大眾文化

史：一九四五至一九八〇年》（一九八四）開始，出版了老師的多部論著。

前面曾提到大野盛雄是由飯塚浩二介紹的。大野實在是獨特的研究者，之前已經在巴西等地進行田野考察，逐漸形成自己的一套方法。他的方法緊貼觀察對象——物或人，並且徹底地把各個特徵弄清楚，討厭輕易地抽象化和理論化。可想而知為了《寄自阿富汗農村：比較文化的觀點與方法》這本書，老師花費了多長時間做田野考察。

他對村裡的人逐一進行徹底的調查，然後把報告以書信形式寄給我。成捆的寫得密密麻麻的信件，如果都整理成書，足以構成兩三冊的大作。還拍攝了大量照片。思考大野的工作，只會想到調查本身就是他的生活。記得我在新書完成時，感覺跟喀布爾周邊的每個農民好像早已熟識。因此後來看到喀布爾遭受戰火的報導深感痛心，一點也不覺得那是別人的事情。

《現代電影藝術》的作者岩崎昶並不年輕。他的學識廣博，電影評論也具有扎實的根柢。如戈達爾（J.-L. Godard）、伯格曼（I. Bergman）、費里尼（F. Fellini）等的最新電影，他都為我們提供了確切的評價。那種無比年輕的感受力，完全不會想到老師的年齡。因此記憶中是非常享受的編輯作業。

另外，他後來也介紹了菊盛英夫為我們撰寫了《馬丁・路德與德國精神史：其古羅馬兩面神的面孔》（一九七七）。聽說他們是舊制高中以來的好友。菊盛在大學遷到八王子時辭職，之後過著自由的研究生活。雖是德國文學學者，卻與夫人居住在巴黎，從法國眺望德國的同時，享受著巴黎生活。我曾經幾次到艾菲爾鐵塔附近的公寓拜訪菊盛夫婦，與他們一起在巴黎街道吃喝散步到深夜的光景永遠難忘。後來他為我們寫了一部知性的巴黎指南：《不可不知的巴黎：漫步歷史舞台》（一九八五），以單行本出版。

作者（左）與《神話與日本人的心靈》作者河合隼雄（右）。

我拜託木村重信寫《初始形象：原始美術的各種造型》的契機，是因為曾得到他在哲學講座的《藝術》卷中撰稿。當時李維史陀（Claude Lévi-Strauss）等的結構主義大行其道，人們對原始美術的關心也隨之高漲。但是這方面的專門研究者，木村以外別無他人。他構思了以一句話來表達原始美術意義的書名。後來他做現代美術評論時，也與此對照，洞察藝術的本質。到老師位在大阪千里的家拜訪，聽他談形形色色的話題是件樂事。至今，我依然經常得到他的種種指點。

宣揚榮格的思想

我與河合隼雄的交往仍然持續至今[8]，時間實在很長，最初的邀稿是《情結》這本書。河合從瑞士回國，在一九六七年出版了《榮格心理學入門》（培風館），我讀了這本書，對榮格（Carl Gustav Jung）產生興趣，於是寫信給老師。

當時，佛洛伊德（S. Freud）在日本已廣為人知，榮格卻是沒沒無聞。我讀了《榮格心理學入門》，瞭解到榮格是十分重要的思想家，但他同時對神秘主義和鍊金術也涉獵甚深，是個有點危險的人物。因此與河合會面磋商，最初的想法是宣揚榮格的核心思想，使其在日本的知識風土中扎根，請他以榮格使用的心理學術語「情結」（complex）為中心展開介紹。因為當時「情結」這個詞包括誤用在內，極為風行。《神話與日本人的心靈》（岩波書店，二〇〇三）可說是河合畢生研究的力作，在〈後記〉中他提及那段時間一些有意思的事情，得到他的同意引述如下：

與大塚信一相識，是在一九七一年他擔任拙作《情結》（岩波新書）編輯的時候，實在是很長久的交往。為了新書出版的事與大塚初次會面的情景，我至今依然記憶猶新。他說：「希望跟您見一面」，我心想到底是什麼事呢，然後聽到：「想請您為岩波新書撰寫書稿」，我大吃一驚。這樣的事當時我完全想都沒有想過。我在《情結》書稿中寫到史蒂文生（Robert Louis Stevenson）的《化身博士》（*The Strange Case of Dr. Jekyll and Mr. Hyde*），甫出版即大受歡迎，「半年賣了六萬冊」。大塚讀了以後跟我說：「我們這本也能賣六萬冊呵」，當時我也非常吃驚（後來事實確如所料）。

河合後來還為我們寫了《日本人的傳說與心靈》（一九八二）、《宗教與科學的觸點》（一九九一）等多部著作，與其他著作一起，都被收入《河合隼雄著作集》（第Ⅰ期全十四卷，第Ⅱ期全十一卷）。二〇〇一年作為岩波新書出版的《對未來的記憶：自傳的嘗試（上、下）》，是根據連載於岩波書店PR雜誌《圖書》（一九九八年七月至二〇〇〇年十一月）中，由我擔任採訪、河合口述的自傳整理而成的。在此也引述他在《對未來的記憶》〈後記〉中的話，來說明這本書的原委。

我經常說，如果一個人著迷於想當年時，那就完蛋了，因此從沒想過要在這個年齡寫「自傳」這種憂鬱的東西。

但是，與我長期交往的編輯大塚信一向我提出了「對未來的記憶」那麼酷的主題，我完全被迷惑而出現了這本書。

因為採訪者是大塚，我得以乘興侃侃而談。不可思議的是一旦開始，沉睡了的記憶被連續不斷地喚起，果然是受到「採訪者」的力量所感召。我在談話的過程中，內容逐漸架構起來，也感到了與未來的連接，「對未來的記憶」這個題目實在太好了⋯⋯沒怎麼做準備，只是跟隨著大塚的引導而談——儘管不合適的事情得隱藏一下——也把一些重要的事給漏掉了，因此是相當恣意的。在這點上可能難以稱得上是「自傳」，但我想對讀者來說，這樣是不是反而更好呢？無論如何，比起所謂的客觀，我一直是從主觀上豁出去的人，這也反映在這裡面了。

大概應該是河合從國際日本文化研究中心所長退休的派對上的事情，記得時任京都大學校長的長尾真在致辭中說到，這本書「實在是很有意思的書，但願能長久不斷地為人們所閱讀」。長尾老師是我非常尊敬的學者之一，他的話讓我很振奮。

「都市之會」

《情結》一書出版後不久，在東京誕生了一個名為「都市之會」的研究會。成員有中村雄二郎、山口昌男、多木浩二、前田愛、市川浩等，我作為秘書的角色參加。而河合也加入的原因，請容許我引用他的話（《走向深層意識之路》，岩波書店，二〇〇四）來說明一下：

在「都市之會」，那些哲學和文化人類學的學者們聚集在一起幹什麼呢？所謂的街區畢竟是形象。街區的成立，一些地方有中心，一些沒有，也有的地方道路是不許輕易通行的。這種都市形式的存在，與人心的存在狀態，人對事物的思考方式以及感受方式等，有著某些關聯，這是一種新的思考方式。

那樣的思考方式，是前面提到的人們在「都市之會」進行的學習研究，從大塚那裡聽說後，我拜託他一定要讓我加入，所謂的加入，就是大概每個月聚會一次，輪流發言並進行討論。這與我正在思考的心理學事情十分吻合。簡化來說，所謂的形象，不就有頭緒了嗎？都市，不僅僅是坐上什麼去哪裡，都市有所謂的形象，它和形形色色的事物有關。例如，中村雄二郎老師在《魔女蘭達考》（岩波書店）一書寫到的，去峇里島，那裡的祀典出現魔女；那樣的祭祀、蓋房子的方式、朝向什麼方向……構成了極美麗的峇里島。朝哪個方向有什麼東西，在哪個地方有什麼樣的東西，營造得非常漂亮，這樣的形態是跟人的心靈問題很巧妙地聯繫在一起的。

對我來說，這些內容跟自己所想所做的臨床心理學方面的事情大部分是相關的。一般心理學學者並不認可我的想法，我反而得到上述那些人的認同。

以山口昌男先生為例，如大家所知他對所謂的詭計、跨界者做了重要的研究，結論是跨界者這樣的無賴破壞現成的東西產生了新的東西。這樣的工作，跟我打破某個人固著的心並加以治療，以心理治療改變人的心等方面非常相似；這些人談論的事情，與我正在思考的事情極其攸關。

河合為了參加聚會，每月到東京一趟。他與不同的專業人士熱心交流、坦誠爽朗。雖然，成員們後來逐漸在日本知識界的各個重要領域獨當一面，但參與這個聚會的每一位，面對當時的課題和難題都直率地討論。比如河合談諮詢輔導的實際情況，當談到那是如何地耗費精力時，全體成員對他深表理解並贊同的情景猶在眼前。

溫暖的心和冷靜的頭腦

宮崎義一為我們撰寫了《寡頭壟斷：現代的經濟結構》（一九七二）。遺憾的是，老師在一九八九年去世了。我在追悼會上的發言，被收錄於《溫暖的心，冷靜的頭腦：宮崎義一追思集》（二〇〇〇）裡，引述部分如下：

請容許在此談一下與我本身有關的事情，那是我作為編輯部新手負責岩波新書《寡頭壟斷》，已經是四分之一世紀前的事了。很遺憾我未能幫上宮崎老師任何忙，但是宮崎老師實在讓我受教甚多。

那是因為當時老師極為忙碌，而且身體不太好。從實際情況來說，就是撰寫原稿的進展緩慢。

結果，我每天前往港北區篠原西町老師家，每次都收到數張的原稿，同時也得到了老師各種各樣的教導。

其中有一件事是我絕不能忘記的，那就是老師所說的一番話，意思如下：「馬克思是偉大的思想家。而《資本論》實在是卓越的資本主義分析。但是，現代的資本主義已經帶有本質上的不同。就是說，資本主義已經開始跨越國界。因此分析現代資本主義，必須從明瞭跨國企業的實態著手。我希望寫出現代的《資本論》」。

如各位所知，無論打開宮崎老師的哪本書，基本上都一定會談論到跨國企業的問題。而宮崎老師的願望也變成《現代資本主義與跨國企業》一書，在一九八二年實現了。

最後我想說，剛才在看老師的照片時，我忽然想起一件事，請容許我以這件事情來結束致辭。先前提到的譯作中，有海默（Stephen H. Hymer）的《跨國企業論》。海默英年早逝，老師在《圖書》雜誌（一九七四年四月號）上，發表了悼念海默的文章。因為是突然想起的事情，如果有誤，請各位見諒。

文中寫到海默短壽的理由，實際上是因為海默作為學者，一方面耗費精力進行研究工作，另一方面為了那些不幸的小孩，他在自己家裡開托兒所照顧他們，可能因此而操勞過度。

想到這些，任何時候都和藹可親、永遠帶著微笑的宮崎老師的品格，令人懷念。

《人種的歧視與偏見》、《中世紀的印記》等

繼《寡頭壟斷》之後，一九七二年出版了清水純一的《文藝復興的偉大與頹廢：布魯諾的生涯和思想》、真下信一的《思想的現代化條件：一個哲學者的體驗與自省》、新保滿的《人種的歧視與偏見——理論性考察和加拿大的事例》、齋藤忍隨的《柏拉圖》、莫瑞（John B. Morrall）著、城戶毅譯的《中世紀的印記：西歐傳統的基礎》（*The Medieval Imprint: The Founding of the Western European Tradition*）。清水純一和真下信一前已談及不再贅述。

新保滿是社會學學者，長期在加拿大執教，後來也在澳洲任教。他以在加拿大形形色色的體驗為基礎，撰寫了這部《人種的歧視與偏見》。書中列舉大量事例，每一個都是親身感受，是一部重新為我們闡明引發歧視與偏見的深度和問題的優秀著作。雖然新保在一般大眾中沒有什麼名氣，但這本新書確實受到眾多讀者歡迎。

在談《柏拉圖》之前，先說一下《中世紀的印記》。岩波新書出版的翻譯作品並不多，主要是文字量的限制。比如英文原書翻譯為日文出版，篇幅會變成接近原書的一・五倍。因此平均兩百二十四頁篇幅的新書，原書必須在一百五十頁以內，而且不是新書那樣小開本的話比較困難。在這樣的限制下要找尋名著絕不容易。一九七二年二月，岩波新書出版了由粟田賢三翻譯、施勒（Pierre-Maxime Schuhl）著的《機械論與哲學》（*Machinisme et philosophie*），這是粟田因研究需要而讀過的法文書。他覺得易懂有趣，就自己動手翻譯了，但是像這樣合適的著作為數極少。

當編輯的基本工作之一，我給自己的任務是最少每月一次到神保町的北澤書店和三省堂去確定一

下新出版的外文書。還有一定到圖書室閱覽《泰晤士報文學增刊》（*The Times Literary Supplement*）和《紐約書評》（*New York Review of Books*），這也是林達夫教我的其中一件事，就是要經常以國際水準對照和測定自己的工作。在這樣的情況下，我在英國有名的平裝本系列中發現了《中世紀的印記》。請了在《思想》工作時期曾經討教的歷史學家堀米庸三老師過目，並得到「這是本好書」的意見。

一九七三年出版了紀爾茲的《伊斯蘭觀察：摩洛哥和印尼的宗教發展》（*Islam Observed, Religious Development in Morocco and Indonesia*），由林武譯；一九七四年出版了漢克（Lewis Hanke）的《亞里斯多德與美國印第安》（*Aristotle and the American Indians: A Study in Race Prejudice in the Modern World*），由佐佐木昭夫翻譯。紀爾茲的書後來在日本被大量翻譯出版，但這是第一本。在內容上將伊斯蘭社會的擴展置於非洲到印尼的視野進行論述，是這方面的開創性著作。大概是一九八〇年紀爾茲伉儷受國際交流基金的邀請訪日，在國際文化會館的歡迎會上見面時提到這件事，他們非常高興，紀爾茲老師說：「那麼小的書你都能找到呵。」

《亞里斯多德與美國印第安》的內容非常有意思。是對於西班牙在新大陸的野蠻行為，按照神之正義研判是對還是錯，把西班牙的古老城市巴拉多利德（Valladolid）的審問，與加祿茂（Bartolome de Las Casas）的事業等交叉檢證。我記得這本書是在北澤書店的書架發現的。書名的長度[9]當時也成為了話題。大概也是岩波出版品中書名最長的一部。一九七五年以後也出了好幾本翻譯作品，後文另記。

出不太來的柏拉圖

《柏拉圖》一書的作者齋藤忍隨實在有魅力。我與木田元和生松敬三喝完酒，接著再「去忍隨老師那裡」是常有的事。特別是在本鄉喝酒的話，更是必然之舉——因為齋藤住的公寓大樓就在本鄉。半夜裡硬闖，把老師珍藏於書架上書本背後的德國最高級葡萄酒喝光。齋藤和夫人都是邊笑邊看著我們。現在回想起來，一定是非常打擾了。

齋藤老師是個頑固的人。為了取《柏拉圖》的原稿，我到東京大學的研究室去找他，老師說：「交稿之前，我有點渴，請陪我一下」，然後走去了赤門前的酒館。「就喝一瓶啤酒，大家分攤吧。」他說著就把自己要付的錢放在櫃台上，沒有辦法，我也只好付自己的，然後變成「那我們乾杯吧」。不知不覺就已經深夜，當然是沒稿子可取嘍，因為連一頁都沒有寫好。

儘管這樣的事不斷上演，新書總算完成了。雖然書名叫《柏拉圖》，但說的是吃人的故事，柏拉圖要到後半部才登場。老師大概本來是想先描述一下柏拉圖出現的希臘的知識風土，不過真是沒轍，就算有異議也完全不理會，只說「很快他就會上場了」。書出版後，被藤澤令夫狠狠斥責：「沒有柏拉圖出現的書竟然也敢叫作《柏拉圖》，簡直就是詐欺。」

很久以後，藤澤為岩波新書撰寫《柏拉圖的哲學》（一九九八），書名不能光用《柏拉圖》了。其實齋藤和藤澤關係非常密切，而且兩位老師都誠心熱愛學問，認真培養弟子。在齋藤老師的葬禮上，其中一位弟子岩田靖夫致悼詞時中途無法言語，號哭不止的情景，令人難忘。在藤澤老師逝世後，以內山勝利、中畑正志為首的二十多名弟子，出版了二十五開本六百頁的《伊利索斯河畔：獻呈藤澤令夫先生論文集》（世界思想社，二〇〇五），也是件稀有的事情。齋藤老師在一九七六年也曾為岩波新書寫了《智者之言：蘇格拉底以前》。

《語言與文化》和《叛教者的系譜》

鈴木孝夫為我們撰寫新書《語言與文化》，那是一九七三年的事情。如上一章曾述及的，該書作為「講座・哲學」的《語言》卷的首批登場。那個時候，為了撰寫一篇論文，老師讓我多次並且長時間地聽他談論有關的內容。社會語言學新的識見和鈴木老師基於獨特觀察的事例分析，不管聽多長時間，都覺得有意思。我想老師是在與編輯談論的過程中整理自己的思緒。

光是一篇論文尚且如此，一冊新書，算起來一定不少於三十小時。就是這些時間，聽了那麼多的內容，就像上了課，讓我能夠充分瞭解到學問的深厚意義。當時一般人還不太知道鈴木，但是我想這本書一定能暢銷。事實上，它真的是我負責編輯的新書中銷量最高的，累計接近一百萬冊，而且還推廣了社會語言學的魅力。

初次與凸版印刷的前社長鈴木和夫會面時，他對我說：「舍弟一直承蒙關照。」令我實在惶恐。其後過了很長時間，鈴木孝夫的著作集終於在岩波書店出版了，在此之後不久再見到和夫老師時，他還是說了同樣的話，讓我一時辭窮。

我請我的大學畢業論文導師武田清子撰寫《叛教者的系譜：日本人與基督教》一書。敢於把目光放在被視為「叛教者」的人們身上，進一步明確了日本人與基督教的關係，這是以老師思考為基礎的企畫。

同樣在一九七三年，武田老師的夫婿長幸男老師為我們執筆了《昭和恐慌：日本法西斯主義》。我從學生時代開始，每次到老師家拜訪，都會見到長老師。對我來說，就像是拜託親戚的感覺，結果兩本都是內容精彩的新書。

多虧鐵格子

這裡我無法忘記的，還有《知識分子與政治：德國・一九一四至一九三三》的作者脇圭平。他是丸山真男的門下英才，被京都大學法學部派遣前往德國做研究，因為對曼（Thomas Mann）的研究太投入，過了派遣期也不回國，因而失去了京都大學職位。

我見到老師時，他任教於同志社大學，固執依然。總之，老師在政治思想史上探索韋伯和曼的熱情，實在令人驚訝。他不僅從教科書上調查韋伯和曼，並同時把握時代背景以至個人人格——不論好壞——他的方法非常大膽新鮮。因此，我每一次到京都拜訪老師，都十分期待聽他的談話。還有他和生松敬三的親密關係，讓我更感親切。

新書約稿時收到他兩次回信答應了，但是接下來麻煩卻大了。因為老師腦袋裡藏著的知識實在太豐富了，要凝縮為文章，七顛八倒的苦惱伴隨而來。老師意味深長地跟我說，韋伯考慮的是政治性整體意義的均衡，是真正意義上的「均衡主義思想家」。我多次說：「只要把那些話寫下來就夠了」，但是老師一旦拿起筆，卻無法把那些話寫落在稿紙上。

我確信這本新書完成的話，絕對是內容出色的劃時代著作，我抱持這樣的信念訴諸最後的手段。我請他來東京，採取「罐頭」行動（日本出版界的業界用語，即請作者住到旅館裡，在一定期間內集中工作）。老師答應了，把書塞進他的福斯汽車，自己開車走東名高速道路來到東京，然後住進御茶水的山之上飯店。此後一個月，老師把自己關在飯店足不出戶，當然我的任務就是每天去取稿子。

編輯生涯四十年中，作者最滿意的作品《汽車的社會性費用》的作者宇澤弘文。

稿子終於完成了，但是老師卻因為過度疲勞而搖搖晃晃，實在無法開車回去。我因此請他的一位大學生親戚來開車送他回去。老師在飯店裡住宿的是二樓的一個房間，窗戶嵌有鐵格子。後來他說：「要是沒有那些格子，我老早就跳樓了。」慶幸的是這部新書榮獲了吉野作造獎[10]。丸山真男門下的眾多政治學者聚集在一起祝賀他。

脇住在京都的下鴨。隔著一條馬路是岡田節人的家。曾聽說岡田夫人是脇老師的妹妹，後來與岡田夫婦認識後，受了他們很多關照。最初見到岡田夫人的時候，她對我說：「謝謝您經常跟那個怪人脇作伴。」一直讓我覺得不好意思。

也談一下渥美和彥著的《人工臟器：人類與機械的共存》（一九七三）。當時渥美和他的團隊，把人工臟器植入山羊體內，並成功地長時間延續了牠的生命。如果與山羊一樣，在人類身上也行得通的話，人的壽命或許可以更長，因此社會對渥美抱著極大的期待。為了不辜負期待，他不分晝夜地投入研究。據知上田誠也也是同樣的情況，作為肩負新科學誕生的研究者，具備著常人所沒有的熱情和魄力。「請您把這種熱情凝聚在新書裡傳達給讀者。」對於我的請求，渥美在研究的空隙中撰稿，為我們精彩地描述了翻開醫學新頁的情景。直到今天，我與渥美仍然繼續經常交流。

超越近代經濟學的衝擊

一九七四年我編輯了三本新書，在這裡一定要寫下來。那就是宇澤弘文的《汽車的社會性費用》、荒井獻的《耶穌及其時代》，以及橋口倫介的《十字軍：其非神話化》。這三冊以外，除了前面提到的幾本，還有村山盛忠的《生活在科普特人社會》、酒本雅之的《美國文藝復興的作家們》、杉山忠平的《生存在理性與革命的時代：普里斯特利傳》，這幾本的詳細情況在此省略。

首先談談宇澤弘文的《汽車的社會性費用》。把宇澤弘文介紹給我的，是在單行本編輯部負責經濟學教材的前輩S。他對我說：「跟從美國回來的新銳近代經濟學者見個面吧。」於是便與宇澤老師見了面。事前我做了調查，老師是數學系出身的數理經濟學者，著名的亞羅（Kenneth Joseph Arrow）教授發掘了他，他在美國累積鑽研，於芝加哥大學等任教，被認為是日本經濟學者中最有可能榮獲諾貝爾經濟學獎、有著輝煌經歷的人物。

在東京大學經濟學部研究室初次會面的時候，老師說希望有關汽車的社會性費用能列為新書。我從未聽說過「社會性費用」這個說法，但是在聽他說明的過程中，我想這將會成為重大問題。為什麼呢？因為我認為：第一，宇澤老師以出人意表的視角探討，汽車這種可說是現代文明象徵的存在；第二，雖然還不是很明確，但第一點的工作完成的話，老師的輝煌經歷，或者極端地說，近代經濟學的有效性，將不容否定。

無論如何，主題敲定後，我便拜託老師執筆。他一口氣就寫完了，大概早已在心中醞釀許久。這裡所寫的「在心中」三個字恰如其義。因為這個主題不僅是作為近代經濟學者的思考，也是基於老師的人格產生的。一言以蔽之，他對於汽車在狹窄的馬路上噴散廢氣，旁若無人地行駛姿態已經忍無可忍。污染環境、威脅人的安全——一九七〇年代日本的狀況被當作光化學煙霧蔓延的象徵，可以毫不誇張地說已陷於最惡劣的情勢。對此，當時嘗試挑戰的卻只有宇澤一人。

《汽車的社會性費用》影響巨大。為了讓人能夠安全、健康不受損害地步行，一輛汽車開上路到底需要多少的基本設施？對於當時常識無法想像的高額耗費的「社會性費用」，宇澤明確地闡述。編輯部收到了好多來信說：「讀了這本新書非常感動」，甚至有讀者說：「讀了這本書，我把自己的駕照撕毀了」。

另一方面，來自汽車製造和銷售相關組織的批判，或明或暗地湧向了宇澤，並且有極端的惡意騷擾或威嚇，使宇澤不得不更換住宅的電話號碼。與那些組織關係密切的研究者，對他的學說提出了激烈的反論。今天看來，宇澤當時提出的眾多課題，先不論充分與否，但可以說大部分都已實現了。例如，排放廢氣的規制、車道和人行道的分離、行人天橋的建設……等等。

那時候，與宇澤比肩被視為近代經濟學希望的渡部經彥，我也經常跟他見面。某次，我說：「宇澤老師的《汽車的社會性費用》終於出版了。」渡部這樣回答我：「我在史丹佛大學和宇澤君一起時，宇澤君就曾經在單行道上逆行，被警車追趕。他寫了那樣的書是何等的傑作呵。」那是很瞭解宇澤性格的人才說得出的揶揄。

促成宇澤執筆《汽車的社會性費用》的理由可能有很多。當然歸根究柢是他具有的社會正義感。後來，宇澤也投身成田機場和地球暖化的問題。也可以想像他受到魯道夫斯基（Bernard Rudofsky）的《為人民而建的街道》（*Streets for People*）和雅各（Jane Jacobs）的《偉大城市的誕生與衰亡：美國都市街道生活的啟發》（*The Death and Life of Great American Cities*）等著作的影響。就我所知，這與他留美時反越戰運動的體驗有著深切關係。他多次跟我談到，在史丹佛大學時，經常去聽拜雅（Joan Chandos Báez）唱歌。這讓我想到，人應該如何才能活得像個人，宇澤是以此為基準來思考經濟學問題的。

儘管我對近代經濟學幾乎一無所知，但是與宇澤一起工作實在很愉快，而且還一起喝了好多酒。經常從本鄉開始，再轉到新橋、新宿去喝。《汽車的社會性費用》出版後的某一天，我們喝到深夜連電車都沒有了。老師總是坐地下鐵和國電，大概沒坐過計程車。但是除了坐計程車回家以外再無他法。我硬把老師塞進計程車，他打開車窗、雙手合十，向我說「對不起」。我知道這本書的作者對坐汽車感到羞恥，我的心情也不免受到影響。

因為寫了《汽車的社會性費用》，宇澤必須與以往近代經濟學上的偏差問題格鬥。看到老師這樣的姿態，我請求他把格鬥過程寫下來。這些成果就成了一九七七年出版的《近代經濟學的再檢討：批判性展望》。這是老師確立學問的基礎，是他對近代經濟學尖銳的批判。同時，不得不把經濟學者的光輝經歷從身邊推倒，是很驚人的行為。

當時在岩波書店舉行研究會的情景，令我無法忘懷。那天對日本社會所承擔的問題進行分析時，宇澤首先用近代經濟學模型來說明。在黑板寫上算式，他據此對日本經濟現狀的分析實在很鮮明——與會的政治學和社會學學者應該都有同感吧。他那優秀的分析手法，打動了在座的所有人。

但是接下來的瞬間，他把黑板上的算式畫了個大大的×，並說：「這個模型無法把握日本社會的真實面貌。為什麼呢？因為環境破壞和公害等最重要的因素並沒有被放進這個模型中。」他繼續說，自己也正在努力建構能夠解決凡此種種問題的經濟學。這些話，比起前面用模型做的精彩分析更讓我感動。

被機動部隊包圍的慶祝會

這種感動經過了十年以上的歲月，再次有了拜託宇澤撰寫新書的機會。那時，我調到了單行本編輯部，編輯了老師的好幾本書：《近代經濟學的轉換》（一九八六）、《現代日本經濟批判》（一九八七）、《公共經濟學探求》（一九八七）等。接著，在一九八九年也出版了《經濟學的思考方式》。以下引用同書的〈後記〉來說明經過。

在這大約三年間，岩波書店出版了我的幾本書。這些書，是根據各個主題彙集我過去十幾年間發表的論文而成的。最近，受到了岩波書店的大塚信一先生以下的批評：老師在經濟學方面斷片地做了種種論述，但是自己本身的經濟學思考到底是什麼，是不是應該正式地寫一下，讓一般大眾也能明白瞭解？當然，大塚先生一直以誠懇有禮的方式跟我說，但是我接收到的是這樣的意思。這本書，是我針對大塚先生的批評所做出的回應。

〈後記〉裡還包括以下的話：「我想要強調的面向是，經濟學者如何理解活生生的時代狀況，促使經濟學的理論形式昇華。」正是為了實踐這樣的想法，老師不斷地應對常時發生的問題，我們請他撰寫成新書，包括有《「成田」是什麼：戰後日本的悲劇》（一九九二）、《思考地球暖化》（一九九五）、《思考日本的教育》（一九九八）等三冊。關於這些新書的內容，在此不一一贅述。只是我想在這裡記述一段呈現宇澤作為一位經濟學者的象徵性逸事。

那是《「成田」是什麼》剛出版後，成田機場反對同盟的農民為我們舉行出版慶祝會時的事情。我們慶祝會在一個小小的公民會館裡舉辦，距離成田機場滑行跑道的邊緣僅僅數百公尺。公民會館的周圍布置了機動部隊的裝甲車，監視著出入公民會館的人，頭頂上則不斷發出幾乎不曾間斷的大型客機著陸的轟轟作響聲。就在這樣森嚴的氣氛中，舉行了慶祝會。

農民們一位一位起立向宇澤老師表示感謝之情，老師一臉不好意思地回應。桌面上放著農民們費盡心思蒸煮的菜餚和宇澤夫人親手做的食物，還擺著全國支持者送來的日本各地名酒。參加者圍成好幾個小圈，高興地吃著、喝著、聊著。宇澤老師在這些圈子中走動，不時加入聊天。看著這般情景，我內心湧起深深的感動，無法抑制。並且讓我想起了〈序言〉中的話：「透過『成田』這個過程，使我加深了對自身的理解；同時，專攻經濟學的我在職業觀點上也學到了寶貴的教訓。理清成田鬥爭的軌跡，也就能夠看清戰後日本面對的最大悲劇——『成田』的本質。」

宇澤弘文老師冒著生命危險投入到「成田」之中。在出入只能乘坐有防衛員警隨行的車輛、行動不自由的數年間，他即使是偶爾在神保町小巷子的店裡跟我喝一杯，外面的防衛員警仍不斷盯梢。我看著老師這樣的身影，想起先前引述《經濟學的思考方式》中的話：「我想要強調的面向是，經濟學者如何理解活生生的時代狀況，促使經濟學的理論形式昇華」，我想老師一直在身體力行。我向老師由衷致敬。

《耶穌及其時代》和《十字軍》

談談荒井獻的《耶穌及其時代》。一九七一年，荒井的大部頭單行本《原始基督教與靈知主義》由岩波書店出版。我饒有興味地讀了這本書。基督教是如何形成的？荒井精彩地描述了以靈知主義為首，實際上是多種思想氾濫、互相競爭的狀況。我想那可以與一九六〇、七〇年代，正在展開嚴峻的意識形態鬥爭的現代日本相對照。基督教研究者當然也受到影響，其中有三位差不多同代的優秀研究者非常活躍，要勉強區分的話，荒井位於正中，田川建三在左、八木誠一在右。

我並非基督教徒，但因為國中、高中和大學都在基督教系統的學校受教育，所以一直關注基督教。我在大學曾上過宗教哲學和神學的課，對考克斯（Harvey Cox）等的新神學也感興趣。至於天主教系統的思想家先前已有提到，預計後面也會論及。其他如皮柏（Josef Pieper）等的著作，也曾是我愛讀的書。

因此，我跟荒井邀稿撰寫關於耶穌及其時代的主題，他不僅答應並且很快地完成。這本小書受到很多人的歡迎，長期持續被閱讀。荒井以及他的弟子為我們做了大量工作，二〇〇一年還出版了《荒井獻著作集》（全十卷，別卷一卷，二〇〇二年完結）。

橋口倫介則撰寫了《十字軍：其非神話化》。橋口是熱心的天主教徒，在上智大學取得了教職。以西歐為中心的史觀認為十字軍是場聖戰，即使在日本也很少有不同意見的人。但是橋口敢於進行它的非神話化工作。在可能範圍內，運用伊斯蘭教方面的資料，嘗試將十字軍放在正確的位置上。當然在伊斯蘭教方面看來，十字軍絕非聖戰，只能理解為非人性的侵略和殺戮。橋口確實恰當地描述了該時期的事情。那是早在東方主義議論誕生之前、人們還無法想像跟九一一事件同時發生的很多恐怖事件等的時代。

書出版後，上原專祿在《圖書》發表了長篇書評，對橋口的工作給予高度評價。橋口就任上智大學校長後，我們還經常聯繫，一直交往到他去世。在上智大學的教堂舉行葬禮的時候，置身於嚴肅的彌撒行列中，我細細回味老師所做的工作的意義。

文藝復興的見解

一九七五年出版了史屈爾（Joseph R. Strayer）的《現代國家的起源》（*On the Medieval Origins of the Modern State*，鷲見誠一譯）、加瀨正一的《國際通貨危機》、下村寅太郎的《文藝復興的世相：圍繞烏爾比諾的宮廷》、葛蒂瑪（Nadine Gordimer）的《非洲文學面面觀》（*The Black Interpreters*，土屋哲譯）、松下圭一的《市民自治的憲法理論》、前田泰次的《現代工藝：追求與生活結合》、哈洛德（Roy Forbes Harrod）的《社會科學是什麼》（*Sociology, Morals and Mystery*，清水幾太郎譯）。我在下面介紹下村寅太郎、土屋哲，以及清水幾太郎。松下前已述及，在此省略。

下村寅太郎並不年輕，而且應該說是年邁。他與林達夫很親密，我是透過林老師得知下村的文藝復興研究。但是實際見面交談後，感覺這位年長大家對文藝復興的鑽研，與其說與林達夫的方式非同一般，不如說是與他在競賽。從林老師那邊看到下村的信函就可以理解。下村的信函、便箋經常都是十頁以上，而且話題涉及哲學、宗教、藝術等各種領域。

這位哲學家淵博的知識，不限於歐洲，還涉及日本和中國，因此聽他談話實在很愉快。有時候話題還涉及他喜歡吃的和菓子。老師愛吃甜點，也偏好喝酒。他的弟子們，從日本各地送來有名的糕點。某次，聊起京都的糕點哪個好吃，他把最喜歡的三種告訴了我：一是三條小橋附近店家的「望月」，另一種是皇宮南邊店家的「味噌松風」；遺憾的是還有一種我忘掉了。自此以後，我經常買望月，至於味噌松風因為總是一大早就賣光，所以一直沒有機會買到。

新書的內容是基於他對有關烏爾比諾（Urbino）宮廷、蒙特費爾托（Federico di Montefeltro）的活躍等說明，和他對文藝復興豐饒度的重新瞭解。與林達夫聚焦於藝術工坊具有的意義、圍繞文藝復興本質的議論有點不同，倒不如說是下村寅太郎著眼在文藝復興視野的廣度研究。

寫完新書不久，下村動了一個大手術。我去虎之門醫院探望他時，老師正坐在床上吸煙。他打開衣襟讓我看手術痕跡，令我大吃一驚。手術的痕跡從喉嚨下方經過胸部，一條直線至腹部下。他邀我說：「我有白蘭地一起喝吧。」但是無論如何我都喝不下。「醫生已經死心了，什麼也不說。」他這樣表示。我覺得老師已經超越生死問題。他應該是鑽研哲學，才會變成這樣的吧。說起來，藤澤令夫也一樣。藤澤倒下時，即使家人們驚慌不安，老師本人還是一副若無其事的樣子。

現代非洲文學的可能性

南非作家葛蒂瑪的評論《非洲文學面面觀》，是拜託土屋哲為我們翻譯。葛蒂瑪雖然是女性，但她的評論與她的作品同樣硬質，這本書讓我對非洲文學的趣味和可能性打開了眼界。

其後，我與土屋長久交往。我不能忘記的是，後來「岩波現代選書」得到他所翻譯的庫尼尼（Mazisi Kunene）的《偉大的帝王薩迦》（*Emperor Shaka the Great: A Zulu Epic*，全二冊，一九七九至一九八〇）。這部作品謳歌在非洲大地的背景下，與自然融為一體、以獨自方式生存的非洲人民，讓人感受到這個無盡寶藏的能量，要翻譯這部大型敘事詩不是易事。土屋是英國文學出身的，充滿精力地活躍在未開拓的非洲文學領域。

某次，土屋陪同來日本訪問的庫尼尼到我們出版社，三人一起共進午餐。雖然是初次見面，但庫尼尼和藹可親，隨意說話或開玩笑並且大笑，而嚴肅的土屋則一臉落寞的樣子真是滑稽。而那樣天真爛漫的庫尼尼逗留日本期間，土屋一直招待他住宿在自己家裡。土屋教了我不少有關非洲文學的事情。我得到他的介紹，也曾到倫敦拜訪刊行了多數非洲文學的海尼曼出版社（Heinemann Publishing）的編輯。

何謂翻譯的範例？

哈洛德是著名的經濟學家，他的作品*Sociology, Morals and Mystery*，日文版書名譯作「社會科學是什麼」，譯者是清水幾太郎。清水是著名的社會學學者，因為文章通達，擁有很多粉絲。《流言蜚語》、《愛國心》、《社會心理學》等單行本，還有《論文寫作方法》（一九五九），廣受讀者歡迎。而他翻譯的卡爾（Edward H. Carr）的《何謂歷史》（一九六二），對當時的知識分子和學生具有壓倒性的影響力。林達夫也對清水評價甚高。

清水當時也經常為《世界》撰文，是所謂進步文化人的一員。我在《思想》編輯部時，清水一聲號令，召集了當時被認為哭著的孩子見到也會噤聲的全學連幹部十多人，開了一夜會。現在想起來，那時候的全學連幹部，其後走上了形形色色的探索之路，清水本身也朝著意想不到的方向發展。

不過，正如原書名所示，內容談論了對於習俗或道德，以及神秘等的意識，是理解包括經濟行動的人類社會生活所必需的；而清水大膽汲取哈洛德的意旨，將書名譯為「社會科學是什麼」實在了不起。那是因為清水本身朝著這樣的方向觀察社會科學的應有狀態。我想在某種意義上，也是他與馬克思主義的社會科學的訣別吧。

經由這本新書的編輯作業，我也領受到清水翻譯方法的教育。比起所謂忠實地翻譯原文，他根據實際情況傾注努力，以日語準確再現內容，因此，甚至出現乍看像錯譯的情況。清水的文章，包括翻譯，能夠不斷地吸引眾多讀者的秘密，就是他在修辭技巧上投入的良苦用心。

自此之後，我經常被他叫到位於信濃町大木戶的（私設）研究室。他常常找我一起吃午飯，每次吃的都是嫩煎豬排。在某種意義上，他與林達夫很相似，時常教我新的學問。單行本《倫理學筆記》可說是老師的探索成果。

還記得後來他聽說我對義大利思想家維柯（Giambattista Vico）感興趣，聯想起當時哲學家中村雄二郎已開始從另外的角度關注維柯，感歎不已的情景。那時清水說：「因為有多的」，於是把收錄了維柯的象徵性紀錄的外文書送給我。清水這樣的態度，我認為直到晚年都沒有改變，只是，他逐漸在慶生會上唱起軍歌，這一點無論如何我都難以苟同。

《母體作為胎兒的環境》和《黃表紙、灑落本的世界》

一九七六年，出版了冰上英廣的《尼采的面貌》、瀧浦靜雄的《時間：其哲學性考察》、浜口允子的《北京三里屯第三小學》、荒井良的《母體作為胎兒的環境：為了幼小的生命》、齋藤忍隨的

《智者之言：蘇格拉底以前》、水野稔的《黃表紙、灑落本的世界》。關於齋藤忍隨和瀧浦靜雄已有述及。這裡說一下《母體作為胎兒的環境》和《黃表紙、灑落本的世界》。

荒井良不是研究者，而是以「兒童醫學協會」這個組織進行活動的啟蒙家。在這本書裡，荒井懇切仔細地為我們撰述人懷孕是怎麼回事？作為孕育胎兒環境的母體結構又是怎麼樣？這是基於最新學問知識的說明，非生物學，也非醫學，而是對自身生命誕生的事實充滿敬畏地讚歎的文章。倘若說荒井並不知名也沒錯，但是他的這本新書，以年輕女性為中心讀者，長銷不輟。這本新書讓我看到了作為啟蒙書的一種新書的理想型。

當時，人們對江戶時代的關心並不如今天。那是江戶熱興起之前很久的事情。我對江戶時代感興趣，與現在人們關心江戶的角度不一樣。我關心的是，在江戶那個閉塞的時代，人們如何生存？我讀了「日本古典文學大系」的《黃表紙、灑落本集》（一九五八），因而產生興趣，於是去拜訪了大系本的校注者水野稔。聽說他是非常認真的研究者，我因此擔心自己的關心能否得到回應。但是，當我結結巴巴地表達了自己的問題意識時，老師的回答是，江戶的民眾確實是為了暫時逃離那樣的閉塞感，才會閱讀「灑落本」、「黃表紙」[11]的呵。以新書如此少的文字量，水野精彩地為我們描述了灑落本和黃表紙的世界。老師在〈後記〉裡，如此描述之前那段時間的事情：

> 給這本書加上「閉塞時代的文學」的副標，是編輯部當初的意思。雖說是閉塞時代，其實並不限於黃表紙、灑落本的時期，可以說閉塞感貫穿了整個江戶時代，而且這個詞在近代被使用也是眾所周知的。只是在那種閉塞時代的某個時期，人如何與眼前的黃表紙、灑落本對

應，依然是必須思考的重要課題。我雖然多少記得自己的不好意思，但還是在這本書裡使用了「飛翔」和「沉潛」等詞。我想這些遊戲性的文學，是處在那個封閉時代的人們，希望至少也能敞開自己、主張自己，提倡諧謔、神遊等的同時，在黃表紙徒勞的虛空中翱翔，或朝著灑落本的特殊世界一個勁兒地深潛吧。

當時，寫了平賀源內的戲劇等的井上廈，在他的書評中給予高度讚賞，讓我十分欣喜。編輯這本書的過程中，我從水野那裡聽到饒有趣味的事。在學生時代，水野並沒有把黃表紙、灑落本等視為研究對象，因此他在大學講課的時候，必定穿長禮服，做出高雅格調。想到這本書在「日本古典文學大系」占有一冊之地，更添一分感慨。

由於談到江戶，我想在這裡談一下《思想》編輯部時代的事情。我記得是在做農業問題特集的時候，打算請梅棹忠夫寫一下日本農業的特質，由我負責。

我在京都北白川的梅棹老師家守候了好幾天，他當時是大阪萬國博覽會的籌畫者之一，極度忙碌。很多人在萬國博覽會事務局進進出出，梅棹還是硬擠出時間跟我說了他的撰文構想。其中的內容，相較於農業論，預定作為對比論述的江戶社會論，對我來說更有意思。那時，說到江戶時代，一般都認為是黑暗的封建時代。但是梅棹認為，江戶時代正是產生近代日本的豐饒時代。各藩鼓勵產業發展，學問也興盛。正因為各地方成熟發展，明治維新才有可能，這是梅棹的論點。

經過差不多二十年後，這樣的觀點盡出，對「江戶」的評價也轉為正面。特別是著名的黑格爾學者科耶夫（Alexandre Kojève），認為江戶時代的日本是成熟社會的一種典型，並且蔚為話題時，我無法不深深感慨。自《思想》約稿以來的三十年後，梅棹又為我們撰寫了《經營研究論》（一九八九）和《資訊管理理論》（一九九〇）兩部獨特的作品。

2　黃版的出發

一九七七年四月，岩波新書青版出版了一千冊，因此從五月開始出版新的黃版。青版刊行了以下三種：飯澤匡的《作為武器的笑》、菊盛英夫的《馬丁・路德與德國精神史：其古羅馬兩面神的面孔》、牧康夫的《佛洛伊德的方法》。黃版出版了中村雄二郎的《哲學的現在：生存與思考》、宇澤弘文的《近代經濟學的再檢討：批判性展望》、福田歡一的《近代民主主義及其展望》、武者小路公秀的《觀察國際政治之眼：從冷戰走向新國際秩序》、山本光雄的《亞里斯多德：自然學、政治學》、鹿野治助的《愛比克泰德：斯多亞學派哲學入門》。

秋天，我調到單行本編輯部，這一年也是我在新書編輯部的最後一年，在這裡寫一下有關青版的飯澤匡和牧康夫，以及黃版的中村雄二郎。宇澤、福田兩位前面已述及，在此省略。

打擊洛克希德事件的武器

首先是關於飯澤匡老師，他離世五年後，劇團・青年劇場舉辦了「飯澤匡逝世五周年集會」，在此引述我在宣傳冊《回憶飯澤匡老師》（一九九九年八月）上所寫的文章。

我是在一九七六年年末得到飯澤匡老師《作為武器的笑》的原稿，在翌年（一九七七）一月作為岩波新書的一冊出版。

一九七六年是洛克希德事件在日本掀起軒然大波的一年。對於這次前所未有的貪污事件，飯澤老師立刻寫了戲曲作品《太多的鈔票捆》作為回應。老師以徹底的嘲笑姿態來抗擊難以置信的政治腐敗。

當時，作為岩波新書編輯部的人員，我從五年前左右開始一直向老師邀稿。每月一次到他在市谷的家拜訪，因而得以聆聽他談論各式各樣的話題；但是，老師絲毫沒有撰稿的動靜。因原稿的事得到飯澤老師種種的指教，實在是愉快的經驗。我尊崇為師的林達夫先生，對於飯澤老師來說也是前輩。林達夫老師的譯作柏格森（Henri-Louis Bergson）的《笑》（*Le rire*，岩波文庫）經常成為我們的話題。

某次，談到評價頗高的電視劇《刑警哥倫布》。飯澤老師每次播放必定觀看，碰上有事時則先預錄之後再看。他常常說：「那部戲真是很棒啊。」因為把美國上流階級的腐敗精彩呈現出來，當時他問我：「所以，那部戲幾乎完全沒有黑人出現，你注意到了嗎？」在此之前，我確實沒注意到這個情況。

飯澤老師為了追求恢復古代日本人曾經具有的豁達笑，奮鬥了一生。看著如今因泡沫化，經濟徹底下滑而被迫買單的日本人，政府意圖強行將國旗和國歌法制化的現狀，飯澤老師會用什麼樣的笑來表現呢？今天這個時刻，痛感笑作為武器的必要性越來越高。

竭盡身心

牧康夫的佛洛伊德研究很有意思，我是從上山春平那裡聽說的，那是在決定哲學講座《價值》卷作者的過程中的事情。真要說什麼地方有意思的話，應該說是他對佛洛伊德並不是做文獻性的研究，而是把佛洛伊德理論與自身的生存方式聯繫起來追溯體驗，希望以此證實它的有效性，這是我跟牧熟悉以後所思考的。他在摸索自己生存方式的過程中，曾經嘗試形形色色的心理療法和禪的修行等。

我見到牧時，他已徹底積累了瑜伽修行的結果，最終以作為佐保田鶴治師父的高足而被認可。我去京都老師家拜訪時，當夫人帶著我走進房間，從貼近榻榻米處傳來「大塚，你好」的打招呼聲，我嚇了一跳。因為他把頭和手腳摺疊成約五十公分的立方體。他曾經說，希望以瑜伽修行的方式，對佛洛伊德涅槃原則的概念進行追溯體驗。也就是說，老師竭盡身心與佛洛伊德的思想交鋒。如此氣魄，能明顯地看出這部新書不應該止於單純介紹佛洛伊德的理論吧。通過安娜的病例分析等，詳細研究佛洛伊德的初期理論，這本書成功地把握了佛洛伊德的本質。

然而，那是後來才知道的事情，牧老師本人在書稿完成前，從開往大島或八丈島的客船上投海失蹤了。我在震驚中，重新閱讀老師的遺稿，並參照他寫給我的信件，希望盡可能以最接近他構想的形式來重新構成這本書。因為老師曾發給我多封個人信件，其中詳細談及本書的結構和內容。因此，我向上山春平求助。作為京都大學人文科學研究所的前輩，上山曾經高度評價牧的實力。同時，也因為上山精通佛洛伊德理論。

在上山的大力支持下，《佛洛伊德的方法》得以出版。牧老師失蹤一年後在京都舉行的葬禮，令人印象深刻。代表人文科學研究所致悼詞的是桑原武夫，平常那麼冷靜的桑原在致悼詞時，為痛失年輕有為的研究者而悲泣，實在意想不到。接著是河合隼雄作為友人代表致辭，河合說：「我經常在夢中見到牧。當我跟他打招呼叫『牧啊』時，他總是回頭報以微笑。但是，這次無論我怎麼叫他，他都沒有回頭。」至此他已經無語，沒法再說下去。在新書出版之後，得知藤澤令夫的夫人MIHOKO與牧是朋友，令我非常驚訝。

轉捩點的著作

中村雄二郎繼《哲學的現在》之後，為我們撰寫了《共通感覺論》、《魔女蘭達考》、《西田幾多郎》等多部著作。並且邀得他擔任「叢書・文化的現在」和「新岩波講座・哲學」的編輯委員，以及季刊《赫爾墨斯》（*Hermes*）的編輯群。而最終，老師的眾多著作和論文結集為Ⅰ、Ⅱ期著作集出版。從《思想》的年代到現在，四十年的歲月實在獲得老師很多的幫助。回首前塵往事，只有無盡的感謝。

晚年，中村老師在畢生事業之一的大著《述語的世界與制度：場所理論的彼方》（一九九八）的〈後記〉中，如此寫道：「本書完成之際，要一一列舉的名字實在多不勝數，不僅是日本國內，也蒙受歐美友人的恩惠。但是，如果只許舉出一個人的話，那就是超過三十年來始終、直接、間接地支持我著作活動的岩波書店大塚信一先生——不是因為工作上的關係，而是作為個人——是我要致謝的。」那時候對老師的感激之情，至今仍未嘗淡薄，而是隨著時間的流逝越來越深。

因此，有件事不得不說。也許聽起來太不自量力，那是直至《哲學的現在》出版之前，儘管中村的工作都深具意義，但是老師另一面的、獨自的思想並沒有被充分展現，總有隔靴搔癢的感覺。
《哲學的現在》雖然是本小書，但中村為了寫這本書萬分操勞。在某種意義上，說老師把所有哲學性的思考都投入其中也不為過。因此，乍看書寫平易的文章，要真正讀懂箇中意義，其實並非那麼簡單。我自己因為校對讀了好幾遍校樣，但驚訝的是每次都有新的發現。經濟史的大家大塚久雄先生說這本書「非常有意思」，著實讓我高興。幸運地，《哲學的現在》被廣為閱讀，成為暢銷書之一。我想起當時有一位我認識的人正好買了《哲學的現在》來讀，不過他坦白跟我說太難了。我覺得老師在完成這本新書以後，著作根本地改變了，隨後他不斷地開拓獨自的思想世界。

3　與法蘭克福有關

直接面對國際水準

一九七七年在協助黃版新書出發以後，由於人事調動，我轉到了單行本編輯部。在那裡工作的內容，我會在下一章說明，不過在此之前，我先談談這年秋天首次參加法蘭克福書展的情況。因為，我在這裡初次面對出版業的國際水準，讓我不得不反省自己的編輯活動。

岩波書店從很早以前開始，每年都派遣團隊前往法蘭克福。但是此前沒有多少實質的版權買賣，反而是論功行賞的意味更強。例如，花費數年時間完成了某個重大工作之類的。因此，書展會期大約一周，在那前後就是到歐洲各地觀光。並且，當時到外國出差本身是件大事情，所以出發前還要舉行歡送會。我之所以可以一起出訪，或許是因為也努力幫忙了新書黃版出版的事情。

不管怎樣，身為主管的團長、對外關係課的版權人員、自然科學編輯部人員、美術書（特別是國際合作出版）編輯部人員，以及負責人文、社會科學的我，五個成員組成了出訪團。在法蘭克福會場租了攤位，展示我們出版社的書。最初去的時候，還不像現在那樣按地域劃分為歐洲、亞洲、美洲各區，而是以參展國家的英文字首順序排列展示。我們國家隔壁是以色列的出版社，為了警戒恐怖主義，在他們的攤位，還有手指扣在自動步槍上的士兵隨時警備著。

在書展中，自然科學類，尤其是數學和物理學相關圖書的版權，經常有歐美和俄羅斯的買家前來洽談。因為數學等只要有算式基本就能明白，從日語翻譯過來不是那麼困難。但是人文、社科方面，雖然近代經濟學多少能坐上候補位置，但版權實際上幾乎無人問津。因此，我便專門跑去那些看起來有意思的、不同國家的出版社攤位，看上眼的書便要提「option」，即相當於購買版權的下單手續，向對方出版社提出申請。

首次去法蘭克福是一九七七年，歐美書籍的品質壓倒性地很高，感覺全都是想要的東西。下一章將要談到的「現代選書」，大部分就是這樣購入版權的翻譯書。

對我來說，國際書展的最初體驗是十分刺激的。不僅能夠結識歐美眾多出版社的編輯和版權人員，而且意義更大的是，對所謂人文、社科的大趨勢雖然還是懵懵懂懂，但是也逐漸能夠理解。比起在東京外文書店的書架和外國的書評刊物上得到的資訊，那裡充滿著鮮活的訊息。因此，雖然身體極其疲勞，但是能夠參加這個書展卻令我非常興奮。

其後，一直到退休之前，我去了法蘭克福書展十幾次。不過，從一九八〇年代中葉開始，日本的文化水準逐漸與歐美拉近。日本的人文、社會科學系統的動向變得和歐美差不多。之後，儘管依然有語言隔閡，但人文、社科類的版權也開始能賣出了。舉個難忘的例子，有一次英國牛津大學出版社的編輯出現在我們的攤位，他對日本近代經濟學者的動態非常瞭解，當他探問某位東京大學經濟學系助教的訊息時，我不禁驚歎敵人竟然調查到這裡來了。

「下次在史丹佛見」

在參加書展期間，我也結識了不少歐美出版社的朋友。其中一位在這裡要寫上一筆。那就是美國史丹佛大學出版社（Stanford University Press）的伯恩斯（Grand Burns）。史丹佛大學出版社的亞洲相關出版物也是知名的高品質。它的規模不大，與哈佛或芝加哥大學出版社相比，也許歸於弱小族類。實際上史丹佛大學出版社並沒有參展。作為社長的伯恩斯本人，會在會場四處走動洽談版權。

某天黃昏，差不多要到閉館的時間了，伯恩斯出現在我們的攤位，像快要崩潰般地坐到空椅子上，然後說：「能不能給我點飲料？」正好我們完成了一天的工作都鬆了口氣，正準備一起喝啤酒。當我把啤酒拿出來時，他一口氣就喝光了。接著，他開始慢慢跟我閒聊起來。他對日本的事情頗為瞭解，對日本電影特別感興趣。當我無意中談到史丹佛大學出版社最新刊行的日本電影評論著作《遠距離觀察者》（*Distant Observer*）時，他很驚訝，「原來你曉得這本書呵！」兩人的距離一下子就拉近了。道別的時候他說：「下次到史丹佛來吧。我用我的飛機接送你。」聽到他擁有私人飛機，這次輪到我大吃一驚。自此直到他逝世，我們持續交往了近二十年。

一九九一年我應美國國務院邀請到美國各地訪問，去了各地的大學出版社，也訪問了史丹佛。伯恩斯並不是用私人飛機接送來款待我，而是帶我走遍出版社的每個角落，包括倉庫。午餐上請我們喝的是上好的加州葡萄酒，格外美味。

踏入二十一世紀不久，在法蘭克福書展上，我從加州大學出版社的狄克遜（Dan Dixon）處得知伯恩斯去世的消息。一直很開朗的狄克遜神情哀傷地說：「他就像我的父親一樣。加州大學出版社會找上我也是因為他。」從早上到傍晚被每三十分鐘一次的會見追趕，晚上則是和關係深厚的外國出版社聚餐，每當我想起充滿緊迫感的書展，也同時浮現伯恩斯的笑臉。

英國的兩位歷史學家

最初決定參加國際書展的時候，我希望書展之後的「觀光旅行」有比較實質性的收穫。因此，事前準備與一直感興趣的兩位英國歷史學家見面。一位是年輕的伯克（Peter Burke），另一位是早已負有盛名的科恩（Norman Cohn）。我對伯克的《威尼斯與阿姆斯特丹：十七世紀上層社會研究》（*Venice and Amsterdam: A Study of Seventeenth-century Elites*）非常感興趣，給當時在薩塞克斯大學（University of Sussex）任職講師的伯克寫了信。我收到的回覆是：「收到你的來信我十分驚喜。我當然非常高興我的書能夠以日語出版。在《威尼斯與阿姆斯特丹》一書中，本來打算與堺市、大阪市做比較，不過因為有關這些城市的歐美語言文獻不足，所以沒有實現。」

薩塞克斯大學位於以海水浴場著稱的布萊頓（Brighton）郊外，我去大學研究室拜訪伯克。他的模樣像個研究生，也關注那時盛行的法國思想，談興甚濃。談到英國國內的話題時，他聊起了霍布斯邦（Eric J. E. Hobsbawm）的事情，並說道：「他是卓越的歷史學家，但是書寫得太多。」當時我完全沒有想到，這個年輕人日後在英國歷史學界會占有像霍布斯邦那樣的地位。後來岩波書店翻譯出版了他的《義大利文藝復興的文化與社會》（*The Italian Renaissance*，一九七二。日文版一九九二，新版二〇〇〇）、《法國史學革命：年鑑學派，一九二九—八九》（*The French Historical Revolution: The Annales School 1929-89*，一九九〇。日文版一九九二）等著作。

科恩是出版了《追索千禧年：中世紀的革命性千年王國主義者與神秘主義的無政府主義者》（*The Pursuit of the Millennium: Revolutionary Millenarians and Mystical Anarchists of the Middle Ages*，一九六一）、《大屠殺的根據：猶太人稱霸世界陰謀神話和錫安兄弟團議定書》（*Warrant for Genocide: The Myth of the Jewish World Conspiracy and the Protocols of the Elders of Zion*，一九六七）等著作的知名歷史學家。我到倫敦郊外他那雜院風的家拜訪，受到了他的歡迎。他當時關注的問題是，納粹主義等的集體歇斯底里現象在歷史上如何被描寫。他當時擔任專門研究集體歇斯底里的研究所所長。他作為猶太人的歷史學家，從歷史角度闡明納粹主義應該是最大的課題吧。後來，我們出版了科恩的《獵殺女巫的社會史：歐洲的內在惡靈》（*Europe's Inner Demons: The Demonization of Christians in Medieval Christendom*，山本通譯，一九八三。日譯本副標題與原書名同，原書出版於一九七五年）。

在國際書展上，不僅與各國的出版人會面，還見到優秀的研究者，我覺得聽他們談話是很好的學習。他們為了推銷自己的著作版權而來到了會場。由於他們因自己的思想而被迫政治流亡，對於他們來說，為了使不安定的生活能夠踏實些，不得不拚命進行版權交涉。其中一例，就是以依附理論（dependency theory）著稱的法蘭克（Andre Gunder Frank）。我曾經跟他見過幾次面。他的著作《世界資本主義與拉丁美洲：笨拙的資產階級和笨拙的發展》（*Lumpen bourgeoisie and Lumpen development: Dependence, Class, and Politics in Latin America*，Monthly Review Press，一九七二），由西川潤翻譯，在一九七八年出版。

還有，阿卜杜勒馬立克（Anouar Abdel-Malek）也來了。他的著作《民族與革命》（*Social Dialectics: Nation and Revolution*）和《社會辯證法》（*Social Dialectics: Civilisations and Social Theory*），由熊田亨翻譯，在一九七七年出版。至今我每年都收到他的聖誕卡。

與政治出版社的交流

介紹一下兩件互相關聯的有趣事例。大概是一九八〇年代後半，在英國出版界突然出現一家「收割者出版社」（Harvester Press），其出版活動非常繁盛，後來又突然銷聲匿跡。積極活躍的出版社消失了實在令人遺憾。但是，代之而起的、展開優秀出版活動的新興出版社出現了。那就是「政治出版社」（Polity Press）。因為政治出版社不斷出版饒有興味的社科書，所以我希望能與這家出版社的人見面，但是他們在法蘭克福書展沒有設攤。只有一名代表在會場，像史丹佛大學出版社的伯恩斯那樣四處走動，發掘有價值的書。

我得到某家代理的幫忙，終於與他見了面。他是個年輕的社會學學者，名叫湯普森（John Thompson）。聽說是牛津大學的講師。他這樣說：「可以的話，書展之後請你來牛津，到我們出版社訪問好嗎？」所以我去了。在聊天的過程中，我得知他們出版社的共同經營者是紀登斯（Anthony Giddens）。當時，他還沒有現在這麼著名，但是數年後撰寫了社會學的大部頭教科書，更重要的是，作為「第三條道路」的提倡者，成為了世界知名的社會學家。

自此，我與政治出版社一直持續交流，但是和湯普森初次會面的十多年後，才有機會在東京見到紀登斯。現已過世的經濟學家森嶋通夫當時寫信慫恿我說：他的友人紀登斯和倫敦政經學院（London School of Economics & Political Science，簡稱LSE）的同僚一起到日本來，見一面如何？與倫敦政經學院關係深厚的歷史學者杉山伸也和社會學者大澤真幸等也一起，記得那是二〇〇二年，我們請了紀登斯吃午飯。談到湯普森時，紀登斯的回應是：「我從他那裡經常聽說你啊」，還談到政治出版社的經營得以維持，是因為紀登斯的社會學教科書賣出了數十萬冊，而且每年還持續賣出數萬冊。

第四章　進入知識冒險的海洋

1　「現代選書」和「叢書・文化的現在」

進入單行本編輯部

我轉到單行本編輯部最初的工作，照例是幫忙前輩完成企畫。國際共同出版了托斯堪內利（Paolo dal Pozzo Toscanelli）的《托勒密世界地圖：大航海時代的序曲》（*Claudii Ptolemaei Cosmographia*，由巴加尼〔Lelio Pagani〕解說）。因為序文是義大利文，所以拜託了一橋大學的地理學者竹內啟一翻譯。日本版的解說則請京都大學的織田武雄為首的三位老師撰寫。織田是地理學大家，他語言的細微之處體現了京都大學文學部的光輝傳統，這一點意味深長。岩波書店已實現了「大航海時代叢書」的大計畫，因此這本書是一脈相承的企畫。

我幫忙了這一冊（其實是以照片為主的大部頭）之後，隨即必須自己獨立制定企畫。我首先在一九七八年四月出版了山口昌男的《知識的透視法》。山口以《文化與兩義性》（哲學叢書，一九七五）等，逐漸被視為走在時代先端的論者。他的「中心與邊緣」概念被廣泛接受，在《知識的透視法》中，更具體地、無拘無束地對形形色色的文化現象進行分析，得到了高度評價。他不但活躍於學術界，也在各種媒體被提起，一躍成為時代的寵兒。其後，以山口為中心的知識世界輝煌地展開，接下來我會一步一步敘述。

同年，我編輯了貝克（Hans Georg Beck）的《拜占庭世界的思考構造：文學創作的基礎》（*Kirche und theologische Literatur im byzantinischen Reich*，渡邊金一編譯）。渡邊的大作《拜占庭社會經濟史研究》在一九六八年出版，他不愧是拜占庭學的泰斗，教了我各種各樣有關拜占庭的知識。比如，拜占庭研究的國際性據點之一在蘇聯。這不僅與俄羅斯東正教有關，而且因為地政學上蘇聯對拜占庭地域極為關心。貝克是國際知名的拜占庭學者，他訪日時我有機會跟他見過面。他還輕鬆地跟我說：「我以前也當過編輯呵。」

我被調到單行本編輯部後，立刻著手策畫「岩波現代選書」的叢書。這套叢書開始兩年後，接著是「叢書・文化的現在」（一九八〇至一九八二），翌年是新系列「二十世紀思想家文庫」，然後從一九八三年開始了「講座・精神的科學」的出版。現在想起來，我很驚訝當時竟能連續做了這麼多事情，可能因為那年代自己年輕，也對知識充滿好奇心吧；而且，當時總是有很多人閱讀我出版的書，非常暢銷，作為編輯，我想那是最好的年代。下面依序記述一下。

厚積薄發的企畫

我在準備「現代選書」時，參考了一九五一年創始的「岩波現代叢書」。戰後，一直被壓抑，自由追求學問的希望得到解放，人們渴望以社會科學為首的高品質圖書。這套叢書以柯勒（Wolfgang Köhler）的《心理學的動力學說》（*Dynamics in Psychology*）、斯威澤（Paul Marlor Sweezy）的《社會主義》（*Socialism*）、希克斯（John Richard Hicks）的《經濟周期理論》（*A Contribution to the Theory of the Trade Cycle*）三部著作出發，持續至一九六〇年代初，也出版文學作品在內的許多名著。我們的學生時代，曾經貪婪地閱讀著如同教科書般的「岩波全書」和這套叢書。

我邊參考這套叢書，同時要求單行本編輯部成員從當前來考慮企畫主題，提出他們各自的書目。我很快便蒐集到幾十冊書的候選目錄。儘管只是兩三人，我想有心的編輯總會希望藉由這樣的機會來出版想出的圖書，不少企畫主題魚貫而出。我因此認為可行，迅速行動。對於這套選書，雖然後來出現了「符號學與現代社會主義論系列」的批評聲音，不過大家看一下一開始提出的書目，或許就能夠理解我們其實納入了更廣泛的領域視野。

大江健三郎的《小說的方法》
約爾（James B. Joll）的《葛蘭西》（*A. Gramsci*，河合秀和譯）
多爾（Ronald P. Dore）的《文憑病：教育、資格和發展》（*The Diploma Disease*，松居弘道譯）
溪內謙的《現代社會主義的省察》
斯圖爾特（Roderick Stewart）的《白求恩思想》（*The Mind of Norman Bethune*，阪谷芳直譯）
威廉斯（Eric Williams）的《從哥倫布到卡斯楚：加勒比海地區史，一四九二至一九六九》（*From Columbus to Castro: The History of the Caribbean* 1492-1969，川北稔譯）

一九七八年五月，「現代選書」從以上六本書出發。其中有三本由我負責編輯。

劃時代的兩本書

在那一年，我接著編輯的「現代選書」書目如下：

史脫爾（Anthony Storr）的《榮格》（*Jung: A Modern Master*，河合隼雄譯）

瀧浦靜雄的《語言與身體》

卡勒（Jonathan Culler）的《索緒爾》（*Ferdinand de Saussure*，川本茂雄譯）

田中克彥的《從語言看民族與國家》

奈波爾（V. S. Naipaul）的《印度：受傷的文明》（*India: A Wounded Civilization*，工藤昭雄譯）

波普爾（Karl Raimund Popper）的《無盡的探索：一個知識分子的自傳》（*Unended Quest: An Intellectual Autobiography*，森博譯）

特瑞維塞克（James Anthony Trevithick）的《通貨膨脹：向現代經濟學挑戰》（*Inflation: A Guide to the Crises in Economics*，堀內昭義譯）

布萊金（John Blacking）的《人的音樂性》（*How Musical is Man?*，德丸吉彥譯）

現在看來，我當時邀的撰寫者或譯者都是鐵錚錚的人物，也是因為在四分之一世紀前才有可能吧。這些老師們教了我許多東西，在這裡只能省略。不過，我簡單提及大江健三郎和田中克彥兩位。

大江的《小說的方法》是一本劃時代的著作。他在巴赫汀（Mikhail Bakhtin）的思考和俄羅斯形

大江健三郎（左）與作者（右）。

式主義的方法，還有近年驚人開展的符號學等研究成果的基礎上，提出了富有說服力的文學理論。其核心概念「荒誕現實主義」（grotesque realism）具有巨大影響力。大江並沒有只停留在提倡理論上，而是在自己的作品《現代傳奇集》（「現代選書」，一九八〇）展開實踐，為了「現代選書」的成功如此竭盡全力，我再次表示感謝。無論是接下來的「叢書・文化的現在」，還是《赫爾墨斯》雜誌，仍然不斷得到他的幫忙。關於這些後面將會詳細述及。

關於田中克彥，後面應該也有機會談到，但是《從語言看民族與國家》這本書非常清晰地顯示老師的基本姿態，在這裡稍提一下。田中透過本書闡明，現在也許認為是理所當然的事情：論述民族和國家時，語言占有多重要的地位？還有透過語言能夠如何理解民族和國家？

這部著作帶給政治學者和社會學者的影響，超乎想像的大。當時，世界各地的民族紛爭和內戰還沒有那麼嚴重，但田中的認識已教了我們很多。根據這樣的見解來看，在語言理論的範疇內，對惡名遠播的史達林（J. Stalin）的評價是否也隨之有所變化？對田中這樣的意見不得不點頭稱是。很久以後，田中為「岩波現代文庫」撰寫了《「史達林語言學」精讀》（二〇〇〇）一書。

這一年，也出版了《阿蘭・諸藝術的體系》（*Alain: Le Système des beaux-arts*，桑原武夫譯）的新版（舊版《阿蘭・藝術論集》，一九四一），關於桑原有太多逸聞，因為不僅僅是有趣，麻煩的也不少，所以按下不表。

新「知」的前提

翌年一九七九年，我編輯了以下的「現代選書」：

洛特曼（Yuri Mikhailovich Lotman）的《文學與文化符號學》（磯谷孝編譯）

中村雄二郎的《共通感覺論：為了認知的重組》

格理芬（Donald R. Griffin）的《動物有意識嗎？：心理體驗的進化連續性》（*Question of Animal Awareness: Evolutionary Continuity of Mental Experience*，桑原萬壽太郎譯）〔現代選書NS版〕

哈柏瑪斯（Jurgen Habermas）的《合法性危機》（*Legitimationsprobleme in Spatkapitalismus*，細谷貞雄譯）

庫尼尼的《偉大的帝王薩迦Ⅰ、Ⅱ》（土屋哲譯）

魯佛（Juand Rulfo）的《佩德羅・巴拉摩》（*Pedro Páramo*，杉山晃、增田義郎譯）

布萊克（Carmen Blacker）的《梓弓：日本的薩滿教行為》（*The Catalpa Bow: A Study of Shamanistic Practices in Japan*，秋山里子譯）

巴斯摩爾（John Passmore）的《人對自然的責任：生態問題和西方諸傳統》（*Man's Responsibility for Nature: Ecological Problems and Western Traditions*，間瀨啟允譯）

這裡介紹一下中村雄二郎、秋山里子、間瀨啟允。

中村的《共通感覺論》不限於哲學範疇，對更廣泛的領域也影響頗大。在價值觀激烈變動的時代，對新「知」的渴求持續高漲。中村的「共通感覺」（Sensus Communis）是構成新「知」的前提。也就是說，新的認知不僅僅是理性，也包含著五感的作用。關於戲劇以至各種藝術，中村知識廣博，言之有物。

山口昌男亦然，山口的符號學分析有說服力且具魅力，歸根究柢是他的學問、藝術見識廣泛。同樣地，先前寫到的大江健三郎的《小說的方法》，也是與中村、山口兩位的工作有共通性的一個具體例子。因此，以大江、中村、山口為中心，加上我，接下來共同開展了「叢書・文化的現在」的工作。

薩滿般的譯者

聽說秋山里子女士曾在電視台擔任製作人。她後來到瑞士的榮格研究所進修，回國後一直從事心理治療工作。她寫得一手好文章，翻譯也是熟練自如。她的著作陸續出版後，很快就擁有眾多粉絲。

英國社會人類學者布萊克的《梓弓》是名著。但這部研究日本薩滿教的書，並非任誰都能翻譯。我拜託認識布萊克的秋山擔任譯者，絕對正確。因為秋山本身出生於東京有名的禪寺，自小經歷形形色色的宗教體驗，加之成年後在國內外的宗教學會等吸取了多方面的知識，可說是不二之選。

我經常訪問秋山位於早稻田若松町的家，聽她談布伯（Martin Buber）的素顏，舍萊姆的消息等等。不過，感覺秋山身上有著薩滿式的因素，我在某種程度上對她敬而遠之。後來我才知道，我的一位表姐，也是詩人、翻譯家的矢川澄子（已故），與秋山是密友。

間瀨啟允是倫理學研究者，不只研究抽象倫理，也堅持探索具體場合，像自然、環境中，人類倫理的理想狀態。《人對自然的責任》可以說是原理性分析的著作。很久以後，我得到老師為「現代宗教」系列撰寫了《生態學與宗教》（一九九六）一書，老師的立場更加清楚，富有說服力，令人悅服。還有，在一九九七年他為我們翻譯了希克（John Hick）的《基督教的宗教神學》（*A Christian Theology of Religions: The Rainbow of Faith*）。

吝惜睡眠

一九八〇年我經手出版了如下的「現代選書」：

伊格頓（Terry Eagleton）的《批評與意識形態：馬克思主義文學理論研究》（*Criticism and Ideology: A Study in Marxist Literary Theory*，高田康成譯）

艾耶爾（Alfred Jules Ayer）的《羅素》（*Bertrand Russell*，吉田夏彥譯）

艾可（Umberto Eco）的《符號學理論Ⅰ、Ⅱ》（*A Theory of Semiotics*，池上嘉彥譯）

大江健三郎的《現代傳奇集》

史坦納（George Steiner）的《海德格》（*Martin Heidegger*，生松敬三譯）

拉比諾（Paul Rabinow）的《異文化的理解：摩洛哥田野作業反思》（*Reflections on Fieldwork in Morocco*，井上順孝譯）

伊迪（James M. Edie）的《語言與含義：語言現象學》（*Speaking and Meaning: The Phenomenology of Language*，瀧浦靜雄譯）

鮑定（Margaret A. Boden）的《皮亞傑》（*Piaget*，波多野完治譯）

除了編輯了上列九種「現代選書」以外，還出版了以下的單行本：

特魯別茨科伊（Nikolai Sergeevich Trubetzkoy）的《音韻學原理》（*The Principles of Phonology*，長嶋善郎譯）

山口昌男編著的《二十世紀的知識冒險．山口昌男對談集》

前田陽一的《帕斯卡〈思想錄〉注解．第一》

藤澤令夫的《理想與世界：哲學的基本問題》

其中特魯別茨科伊的《音韻學原理》是眾所周知的語言學經典大作。前田的《帕斯卡〈思想錄〉注解》做成十六開的大開本，和《思想錄》是名副其實舉世知名的著作。而藤澤的《理想與世界》也是他的主要著作之一，是二十五開的開本，近四百頁正規的學術書。

這一年不是就此結束，在十一月還開始「叢書・文化的現在」書系，年底前出版了兩冊。寫到這裡，我不得不說這實在不正常，竟然還能擠出時間睡覺。但是，我一點都不覺得辛苦，反而只記得非常快活。那時候，每星期的六、日都是在家裡寫企畫書；大女兒在幼稚園裡畫的「爸爸」的樣子，不是在看書就是在寫稿子。因為平日光是一般的編務工作已忙不過來，所以為了做企畫而讀書和進行整理的工作，也只能放在周末了。

伊格頓／艾可／史坦納

這裡談談「現代選書」的其中幾本書。先提一下伊格頓。日本翻譯出版了好幾本這位著名左派文藝批評家伊格頓的書，但這是第一本。《何謂文學：現代批評理論導引》（*Literary Theory: An Introduction*，大橋洋一譯，一九八五）另外再談。還有《赫爾墨斯》雜誌也刊登了他與高橋康也的對談，將在後面詳細記述。

接著說說艾可，他原本研究歐洲中世紀，後來以小說《玫瑰的名字》蜚聲世界。他在符號學領域努力開拓，其成果集結為教科書般的《符號學理論》。從某方面來說雖然有些單調乏味，但是適時地為符號學的熱潮加了把火，因此超乎想像地暢銷。在某個現代音樂的演奏會，詩人高橋睦郎在腋下夾著這本書出現。艾可是國際符號學學會的副會長，與山口昌男關係密切。

史坦納是猶太裔文藝批評家，他已出版了幾本日譯本作品。他寫關於納粹對猶太人屠殺的文章，令人難忘。因此，這本關於曾支持納粹的海德格的小書，也成了富有微妙語調的評傳。而生松敬三生動地傳達出了那些語調，為我們創造了一部名譯。再者，包含這本書，「現代選書」的多冊評傳，都是選自「豐塔納出版社」（Fontana Press）的「現代大師系列」（Fontana Modern Masters）。《皮亞傑》也一樣。作者鮑定是英國新進的女性心理學者。當時在英國出版界彷如彗星般出現的硬派出版社——收割者出版社的斯皮爾斯（John Spears）告訴我：「因為她非常優秀，大概很快就會出名」。收割者出版社就像近年新興的政治出版社，出版提出前瞻性問題的書籍，而且陸續推出新銳學者面世。同時，宇野弘藏的《經濟原論》（岩波全書，一九六四）英譯本，得到伊藤誠和關根友彥等的協力襄助，也是由斯皮爾斯出版。因此，我與斯皮爾斯常在法蘭克福書展等場合見面。有一次他來日本訪問，悄悄跟我說實話，鮑定女士其實是他的妻子。《皮亞傑》的翻譯拜託了年齡差不多可以當原作者祖父的波多野完治老師。波多野老師顯得很年輕，教給我各種各樣的事情。他與林達夫老師關係深厚，前面曾經談到。

從語言學擴展的世界

我也在這裡提一下單行本的事情。首先是《音韻學原理》，委託了長嶋善郎翻譯。二十世紀初，在俄羅斯土地上，由雅各布森（Roman Jakobson）他們開拓的語言學理論，與索緒爾等人的工作相互結合，成為這個世紀知識世界結構的骨骼。對結構主義、符號學、詩學等等，產生了無法估量的巨大影響。因此，特魯別茨科伊的著作也是置於這個語境下出版的。

後來我經手了索緒爾、雅各布森等的翻譯或研究書籍。回過頭來看，現在可以說，我在「講座・哲學」叢書提出加入《語言》卷的時候，還沒有確實把握住相關背景的要點。大概是在一九七〇年代的後半期，曾經舉辦「東歐符號學學會」等的研討會，我記得我經常去參加，以獲得資訊。

接著是關於山口昌男的《二十世紀的知識冒險‧山口昌男對談集》。封面裝幀使用了艾森斯坦（Sergei M. Eisenstein）在墨西哥的素描，描畫在上下倒置的十字架上，鬥牛士將劍刺進牛背的瞬間，構圖非常大膽。這是我選的，因為覺得很適合表現出山口無所畏懼、活躍的才思。

如書名副標所示，這本書收錄了雅各布森、西爾弗曼（S. Silverman）、李維史陀、塞杜（Michel de Certeau）、咖特、福爾曼（Richard Foreman）、帕斯（Octavio Paz）、契可里尼（Aldo Ciccolini）、謝喜納（Richard Schechner）、尤薩（Mario Vargas Llosa）、史坦納與山口的對談。這些橫跨音樂、戲劇、文學、語言學、人類學、歷史學等領域的，無拘無束的對談，不僅僅是與歐美，還有與各種不同文化邂逅的紀錄。若再加上兩年之後出版的《知識的獵手‧續‧二十世紀的知識冒險》中登場的對談者名單的話，更能理解山口關注的領域之廣泛，這些留待下次的機會再記述。

忍耐癌症的疼痛

最後談談《帕斯卡〈思想錄〉注解‧第一》。前田陽一的帕斯卡研究世界知名，特別稱為「複讀法」的文本解讀方法，切實地把握住《思想錄》中帕斯卡的思想開展。把複讀法落實在書上，就是這部大作。首先刊載《思想錄》原稿的部分照片，接著在活字印刷的地方用線和點等符號探尋，初稿是如何開展成為最終完稿的過程。從印刷技術的角度，這本書也具有重大的意義。

我去前田家拜訪時，看到他的書桌後面就是書架。那上面並排著數十本《思想錄》的注釋本。他一邊寫稿，必要時即使不轉身，也能輕易地從後面的書架上把書抽出來。那些書是帕斯卡時代之後幾百年間出版的注釋本。當時，他動了前列腺癌手術，因為要對抗病痛，所以把這本書的校對工作集中

「例之會」中的成員之一戲劇家鈴木忠志（左）與作者。鈴木忠志在台灣上演過的作品有《酒神》、《大鼻子情聖》及《茶花女》。

在一起做，這是事後才從老師那裡聽說的。

書出版後不久，時任國際文化會館理事長的前田招待與本書出版有關的人士到會館吃飯。他自己挑選了葡萄酒請我們喝，那是法國聖愛美儂（Saint-Émilion）產區的酒。他告訴我們：「這個品種最早是聖愛美儂的修道院釀造的」，葡萄酒味道很特別。後來當我每次喝聖愛美儂葡萄酒時，都會浮現那時的光景。遺憾的是注解的工作未能在他生前完結，不過由他的弟子完成了。

「例之會」的成員

一九七〇年代後半葉，《世界》雜誌有一個稱為「例之會」的聚會。成員有作家井上廈、大江健三郎，詩人大岡信，建築師磯崎新、原廣司，作曲家一柳慧、武滿徹，戲劇家鈴木忠志，電影導演吉田喜重，以及學者清水徹、高橋康也、東野芳明、中村雄二郎、山口昌男、渡邊守章。《世界》雜誌編輯部的山口一信（已故）負責事務局工作，並組織《世界》的文化特集。我是中途接手的。

每年舉行數次活動，通常的集會形式是由某位成員發表談話或演出，然後大家進行相關議論。例如，大岡信談「詩歌中的色彩」，山口昌男講「代罪羔羊」（scapegoat）；還有鈴木忠志帶來早稻田小劇場的成員披露「鈴木表演方式」，演員們一邊大聲唱日本演歌，同時二人一組進行身體和發聲訓練，扣人心弦，大家都被震撼了。

大江健三郎公開自己的創作過程時，成員都大吃一驚。他清楚說明從第一稿到第二稿、第三稿，然後到最終稿經過怎樣的變化，我想他講的是《同時代的遊戲》。第一稿是志賀直哉式的文章，但是到了第二稿、第三稿，則開始完成具有大江特色的文章。這過程充滿魄力，讓成員們都瞠目而視。

那時候，原廣司趁機帶我們去看了他家。他家位於町田山上，是家中家那種饒有趣味的建築。還有，他的世界探險旅行的故事也非常有意思。與自己研究室的夥伴一起，坐長途汽車走訪了世界的「建築」的原老師，他的「建築」論出眾而令人振奮。有一次，井上廈準備叫他認識的在淺草工作的脫衣舞孃來兩人對談，大家都很期待。但是到了那天，她看到這樣的成員便很驚恐地跑掉了，這次對話未能實現很遺憾。

通常的聚會形式是，大家邊吃晚飯，邊聆聽講話，然後進行討論。聚會結束時還說不完，就去別的地方喝酒繼續談到深夜，這是常有的事情。大江在寫給我的信裡，這樣描述關於「例之會」的事：「想想看，『例之會』對於我，還有好些人來說，也許就像人生中綻放的花朵，不久年老後將會成為美好的回憶。儘管如此，Ta Panta rhei!」（「Ta Panta rhei」是古希臘哲人赫拉克利特〔Hērakleitos〕的話，即「萬物皆流轉」。）

「叢書・文化的現在」的構想

不久，我覺得僅僅繼續這樣的聚會不是辦法，是不是應該以某種書籍的形式來實現。因此，我決定由大江健三郎、中村雄二郎、山口昌男三位擔任編輯代表，「例之會」的成員則是編輯委員，出版「叢書・文化的現在」（全十三冊）。我記得我在公司內的編輯會議上是這樣說明的，代表日本的藝術家和學者共同工作，架設學問與藝術的橋梁，探尋新的文化形態。

最終在三位編輯委員之間進行討論，確定整體的結構。因為需要準備提交審議的方案，所以在山口的家裡，我們邊喝啤酒，邊考慮了種種方案。決定「文化的現在」這個題目，我想是受到中村的新書《哲學的現在》影響。應該說，中村和其他成員都在同一氛圍中，也許更確切。下面展示一下全卷的結構：

1　話語與世界
2　身體的宇宙學
3　看得見的家和看不見的家
4　中心與周邊
5　老少之軸、男女之軸
6　生死辯證法
7　時間探險
8　交換與媒介
9　美的再定義
10　書籍：世界的隱喻

11　愉悅的學問
12　政治作為手法
13　文化的活化

叢書從一九八〇年十一月刊行，在一九八二年七月完結。「文化的現在」的編輯部，只有我和後輩O君兩個人。我因為也負責現代選書和單行本的出版，所以非常忙碌。而且，這套叢書除了編輯委員以外，還有許多藝術家、實作家⑫登場。例如，唐十郎、志村福美、谷川俊太郎、杉浦康平、別役實、清水邦夫、布野修司、林京子、安野光雅、大西赤人、加賀乙彥、宇佐美圭司、木村恆久、高松次郎、三宅一生、筒井康隆、寺山修司、富岡多惠子、渡邊武信等。其中有些人並不擅長寫文章。另一方面，也邀集了很多學者登場，與論文的書寫不同，反而要求真正的實力，要做歸納並不簡單，因此取得原稿也相當艱苦。

O君曾經在自稱「遲筆堂主人」的井上廈家裡留宿了好幾天，而我也為了取得杉浦康平的三十多頁原稿，不知道跑了杉浦宅多少趟。不過，由於這緣故與杉浦老師和夫人變得非常親密。雖然與杉浦老師的工作關係僅此一次，但我們之間的交流持續至今。

在服裝秀的空檔

前面提到的藝術家之中，我留下印象的人物頗多，在這裡談談三宅一生的事情。我們邀得三宅在《美的再定義》一書裡，撰寫題為〈發揚傳統〉的散文。不用說，三宅是非常受歡迎的服裝設計師。

為了準備國內外舉辦的服裝秀，老師不眠不休地工作。在這樣的情況下，拜託他親自執筆根本不可能，因此經商討決定，採用由我提問，三宅回答，再將逐字稿編輯整理成文的方式。即由我擔任訪問者和編輯的角色，但是要覓得這樣的機會也絕非易事。

訪問的日期設定在三、四個月之後，在此之前，我盡可能多看了三宅一生的服裝秀，以蒐集提問的材料。雖然我似乎跟服裝界不太搭，但是多次涉足華美的服裝秀會場，不協調的感覺卻比想像中少。也許因為大學時做過兼職，有過在服裝秀陪襯主秀的打工經驗；而且我母親是設計師，曾經營洋裁學校。然而，什麼都比不上三宅的作品強而有力，超越所謂「流行」的框架，在這個訪問中我用了「戲劇性」（theatricality）來表現，由於我覺得有這樣的東西，所以我才能那麼享受服裝秀。因此，我想讓訪問也變得充實些。

我們在位於赤坂的三宅事務所做訪問，因為老師的助手們不時來徵詢意見，所以經常被打斷。也有過差不多要等待一個小時的情況。而在那段時間，他們提供的義大利葡萄酒和起司的美味難以忘懷。聽說三宅公司設有生產布料工廠，位在義大利北部的一個小城市。這個訪問收錄在《美的再定義》一書中，此書出版後，大概兩年間繼續接到老師的服裝秀邀請，我欣然出席。

我再談一件有關「叢書・文化的現在」的事情。那是關於清水徹在第十冊的《書籍：世界的隱喻》中所撰寫的〈書籍的形而下學與形而上學〉。清水在二十年之後的二〇〇一年，以這篇文章為核心，終於完成了他的大作《有關書籍：其形而下學與形而上學》。歷經二十年時間醞釀成熟，孕育出一部內容厚重濃郁的書，獲得「讀賣文學獎」等褒獎，可說實至名歸。

這套叢書封面皆設計為薄紙函軟封面，一改岩波書的裝幀風格，與內容一起，給予讀者新鮮的印

每月開一、兩次的「DAISAN之會」，成員常常從晚上八點開始喝酒聊天到深夜。由左而右分別為：三浦雅士、大塚、山口昌男。

象，比想像中更受讀者歡迎，而且不少其他出版社的編輯說：「很有意思呢」。我想包括編輯委員，多數作者都是很樂於為我們撰稿的。

「火之子」夜宴

在工作上繼續進行這樣的集會的同時，從一九八〇年前後開始，我個人方面也以山口昌男為中心，在新宿西口的酒吧「火之子」舉辦聚會。後來這個會被稱為「DAISAN之會」。關於這個會名有幾個說法，一說是第三個星期六的晚上開會，也有一說是大塚和三浦[13]之會。也就是，我和三浦雅士召集的，以山口昌男為中心的集會。每月一兩次，從晚上八時以後至深夜，一個勁地喝酒和聊天的聚會。

我先從女士開始列舉其中的固定成員，有：川喜多和子（當時法國電影社，已故）、栗田玲子（畫廊Galleria Grafica）、中村輝子（共同通訊社）、吉田貞子（《思想的科學》）、森和（人文書院）；男性陣營則有：井上兼行（文化人類學）、小野好惠（青土社，已故）、田之倉稔（戲劇評論）、藤野邦夫（小學館）、安原顯（中央公論社，已故），還有三浦雅士（青土社）和我。後來坂下裕明（中央公論社）也加入為會員。有時候，川本三郎、青木保、小松和彥、淺田彰（當時還是研究生），還有大江健三郎和武滿徹諸位老師也參加。有一段時間，山口從印度邀請來東京外國語大學、名字叫比曼的大個子研究者也經常露面。

「火之子」雖然確實聚集了形形色色的人，但是「DAISAN之會」大概是特別熱鬧的。雖然這個會只是喝酒、議論，喧鬧直到深夜，但是結果卻成了珍貴的資訊交流平台。那時三浦還沒有開始寫作，我曾經想，如果跟這個比我年輕十歲的人認真議論的話，也許我會輸給他的（但是我們公司內很少人意識到）。女士陣營也非常活躍，她們的精力往往更勝男士。

而山口總是笑容滿面地關注著這樣的聚會情景。想一想，最愉快地享受著的應該是山口吧。那是充滿話題，被稱為「美好年代」（Belle Epoque）的日子，每次回憶起來，這個會本身如同沙杜克（Roger Shattuck）的書名《饗宴歲月》。

也有過經歷不明的作者

一九八一、八二年，我持續推動「現代選書」、「文化的現在」，也為單行本而奔波。同時這兩年間，還是接下來的大型計畫「二十世紀思想家文庫」和「講座・精神科學」的準備期。特別是後者，因為是岩波書店當時基本沒有涉足過的領域，需要前所未有的準備和考慮。有關這些我將逐步敘述，但是先在這裡記下「現代選書」和單行本。一九八一至八二年出版的「現代選書」如下：

〔一九八一年〕

舒爾曼的《人類學者與少女》（村上光彥譯）

西比奧克（Thomas A. Sebeok）等的《福爾摩斯的符號學：裴爾士和福爾摩斯的對比研究》（*You Know My Method: A Juxtaposition of Charles S. Peirce and Sherlock Holmes*，富山太佳夫譯）

華勒斯坦（Immanuel Wallerstein）的《現代世界體系：十六世紀資本主義農業與歐洲世界經濟的起源（I、II）》（*The Modern World-System: Capitalist Agriculture and the Origins of the European World-Economy in the Sixteenth Century*，川北稔譯）

〔一九八二年〕

丁尼（Phyllis Deane）的《經濟思想發展》（*The Evolution of Economic Ideas*，奧野正寬譯）

加上在此期間出版的單行本，書目如下：

〔一九八一年〕

泰勒的《黑格爾與現代社會》（渡邊義雄譯）

丸山圭三郎的《索緒爾的思想》

篠田浩一郎的《空間的宇宙學》

〔一九八二年〕

河合隼雄的《傳說與日本人的心靈》

山口昌男編著的《知識的獵手・續・二十世紀的知識冒險》

呂格爾（Paul Ricoeur）的《現代哲學》（I、II）（I：坂本賢三、村上陽一郎、中村雄二郎、土

屋惠一郎譯；II：坂部惠、今村仁司、久重忠夫譯）
辻佐保子的《從古典世界到基督教世界：試論穹頂馬賽克鑲嵌畫》
大江健三郎的《核之大火與「人」的呼聲》
阿倫斯（W. Arens）的《食人的神話：人類學與吃人風俗》（*The Man-Eating Myth: Anthropology & Anthropophagy*，折島正司譯）

首先說說「現代選書」中舒爾曼的《人類學者與少女》。這本書確實是在法蘭克福書展時，通過代理得到法文原稿的，因為覺得挺有意思，所以請了村上光彥為我們翻譯。但是反而法文版最終沒有出，因此就只存在日文版的圖書了。這部小說的內容講的是，一位優秀的德國人類學者對一個少女進行綿密的頭蓋骨及其他的身體測定，以判定是否為猶太人。作品細緻地描寫那些過程，閱讀時納粹的「科學合理性」的可怕程度一點一點地滲進身體裡。雖然處在對作者的經歷和作品基本上不瞭解的狀態下，但是這本書受到了讀者的歡迎。

然後是《福爾摩斯的符號學》，當時盛大舉行的符號學學術會議，邀請了西比奧克訪日，因為這個機會才企畫了這本書。山口昌男就任符號學會的會長後，他藉各種各樣的機會，讓他的研究者朋友從世界各地來到日本。應該是在西比奧克的歡迎會上，我得到他本人的許可而翻譯這本書。內容如副標所示，富山太佳夫的翻譯實在精彩。

關於華勒斯坦的《現代世界體系》，大概沒有說明的必要。這本書出版後，日本的西洋史學界開始熱烈討論現代世界體系，而今逐漸形成某種定論。我得到譯者川北稔為我們做了綿密的日語翻譯。

一九八三年，老師撰寫了《工業化的歷史前提：帝國與紳士》，是二十五開本的學術書；其後我也得到川北形形色色的幫助。而後如眾所周知，他展開了應該稱為「川北史學」的獨自學風。

索緒爾思想的巨大影響

接下來談談幾部單行本。先說丸山圭三郎的《索緒爾的思想》。木田元和生松敬三告訴我，日本中央大學文學部的學刊上，正在連載丸山發人深省的索緒爾論文。我與木田和生松一起喝酒時，談到索緒爾的話題；兩位當即脫口而出的，就是丸山的事情。

實際上，我在學生時代曾跟丸山學習法語，所以跟他認識。因此馬上聯繫他，當看到他給我的學刊時，果然，那真是深具趣味並充滿刺激的論文。於是我立刻制定企畫，實際編輯事務則託付給了編輯部的O女士。O女士精通法語，她出色地把丸山的原稿編輯成書。本書影響很大。前面也曾經提到，或許因為當時索緒爾剛剛開始被認為是二十世紀思想淵源之一；雖是二十五開本四百頁的高價學術書，但十分暢銷。這本書是丸山開始活躍的契機，他後來展開了獨自的文化論，這是大家都知道的了，在此省略。

報答榮格研究所之恩

接著是關於河合隼雄的《傳說與日本人的心靈》。河合當時已經分析了格林童話（《傳說的深層》，福音館書店，一九七七），我想這次應輪到日本傳說的研究了，於是向老師提案，馬上得到了他的同意。對老師而言，因為在榮格研究所的畢業論文（？）是分析日本神話，所以反正早晚會正式地致力於神話研究，在前階段，把廣為人知的傳說作為對象應該非常有意義，我任意地做了這樣的推測。而河合在〈後記〉中也寫道：「儘管是極其日本式的表現，但是憑藉這本書，覺得終於能夠向榮格研究所『報恩』了。」因此我的推測似乎相去不遠。

這本書熱賣，也是老師的主要著作之一，關於內容就按下不表了。但是，書出版後，我看到從小熟悉並感到親近的許多傳說，是如此呈現出日本人獨特的心靈，令我感到驚訝，同時也重新喚起了對日本文化的關心，希望留住這個記憶。

在我離開出版社的二〇〇三年時，引頸期盼的《神話與日本人的心靈》出版了。在書的〈後記〉裡，河合延續了前面曾經引述的部分，寫道：「《傳說與日本人的心靈》（一九八二）是因為得到大塚先生的大力推動和支持而完成的，在某種意義上本書可以說是續篇，能夠由同一出版社出版，我非常欣喜。」而且在前面還寫道：「本來應該在大塚社長任期中的五月出版的，但是未能實現。我感到萬分抱歉」，作為編輯實在太幸運了。這本書後來出版於七月十八日。

熱鬧的對話

山口昌男的《知識的獵手・續・二十世紀的知識冒險》，收錄了下列多姿多采的人物與山口的對話：韋洛（Gilberto Cardoso Alves Velho，巴西社會人類學學者）、達馬塔（Roberto Da Matta，巴西社會人類學學者）、戈爾德（Arthur Gold）、菲茲德勒（Robert Fizdale）（兩人均是鋼琴家）、宮布利希（Sir E. H. Gombrich，英國美術史家）、拜勒（Thomas Bayrle，德國畫家）、富恩蒂斯（Carlos Fuentes，墨西哥作家）、托波爾（Roland Topor，波蘭出生的畫家）、蒙克（Meredith Monk，活躍於美國的表演藝術家）、阿蘭・儒弗瓦（Alain Jouffroy，法國批評家、作家）、克利斯蒂娃（Julia Kristeva）、洛伊（Geoffrey E. R. Lloyd，英國古典學家）。

我只舉其中一例，記述一下對談是如何進行的。著名的美術史家宮布利希勳爵曾應國際交流基金邀請訪問日本。於四谷的福田屋進行對談時，夫人也在座。當天設定這個對談的，是《思想》編輯部的A，他跟我說：「對夫人一定要尊稱『lady』才行呵。」可能因為對手是「Sir」，就連山口也變得有點拘謹，所以對談的氣氛稍欠熱烈。

然而，對談完畢吃飯的時候，不知道是否被山口快速且滔滔不絕的怪調英語所逗引，宮布利希勳爵忽然一股勁地講話。最後，什麼Sir啊lady呀都無影無蹤了，只有興高采烈充滿睿智的會話飛揚交錯。數年後，我與《世紀末的維也納》（*Fin-De-Siècle Vienna: Politics and Culture*）的作者休斯克（Carl E. Schorske）會面時，聽他說到引發自己這個德國政治史研究者對美術產生興趣的，就是友人宮布利希。我想起了宮布利希的直爽性格，果然如此。

《知識的獵手》的裝幀，使用了影響布萊希特（Bertolt Brecht）的演員瓦倫丁（Karl Valentin）的照片。與前作《二十世紀的知識冒險》的艾森斯坦畫作的野性相比，不論好壞，都予人洗練的印象；內容也是續篇方面，感覺更成熟一些。

巴黎的邂逅

辻佐保子的《從古典世界到基督教世界》是名副其實的大作，是二十五開本六百頁，插入了大量圖版，定價一萬兩千日圓的書。這部著作讓我有幸親身感受到美術史學者綿密的工作是什麼樣的。雖

《湯瑪斯・曼》（「二十世紀思想家文庫」）的作者辻邦生。

然如此正式的純學術書獲獎是比較罕有的事情，但是這部著作獲得了「三得利學藝獎」。

作者辻佐保子女士，與這部嚴肅的堂堂學問著作予人的印象有所不同，她是極具人格魅力的女性。和她的夫婿辻邦生一樣，跟他們兩位談話是非常愉悅的。翌年，我邀請了邦生老師為我們的「二十世紀思想家文庫」撰寫《湯瑪斯・曼》，因此那段時間經常與辻氏夫婦會面。

說起來，數年後在巴黎的某家餐廳我偶然地遇到他們夫婦倆，第二天，他們還帶我到家裡和市內遊覽。辻氏夫婦在巴黎繁華的笛卡兒街一座建於十八世紀的公寓裡擁有居所，曾經每年有數個月在那裡生活，因此也有車，不過用那輛車為我導遊巴黎，是需要勇氣的；緊握著方向盤的邦生老師，果敢地衝進比起東京有過之而無不及的巴黎堵車漩渦中前行。我記得在有名的多摩咖啡館（Cafe le Dome）坐下時，真是鬆了一口氣。

2 「二十世紀思想家文庫」與「講座・精神科學」

迎接世紀末

一九八三年一月，「二十世紀思想家文庫」以下列四冊出發：

辻邦生的《湯瑪斯・曼》

田中克彥的《杭士基》

篠田正浩的《艾森斯坦》

木田元的《海德格》

然後同年內出版了以下七冊：

飯田善國的《畢卡索》

瀧浦靜雄的《維根斯坦》

西部邁的《凱因斯》

中村雄二郎的《西田幾多郎》

廣松涉、港道隆的《梅洛龐蒂》

八束HAJIME的《柯比意》

鎮目恭夫的《維納》

策畫這套叢書的意圖是，在人們持續感到世紀末將至的濃厚氣氛中，思考二十世紀是怎樣的一個時代。因此，挑選二十多位被認為是親身應對世紀問題的思想家、藝術家，嘗試體會他們的生存方式，追溯他們的思想進程。

挑撥性的杭士基論

執筆者方面，我邀請了對於上述的問題意識能夠盡量以敏銳的切入方式回應的人們登場。曾負責丸山圭三郎《索緒爾的思想》的O和我組成這套叢書的編輯團隊。好像無論哪一位執筆者都寫得很愉快，作為其中一個例子，請容許我引用田中克彥老師的《杭士基》的〈後記〉。雖然有點長，但是充分傳達了當時的氛圍。

岩波書店的舊識編輯，問我要不要試著寫寫杭士基（Noam Chomsky），已經是超過兩年以前的事情了。

——由我寫杭士基呀。如果有那麼有意思的書，我也想讀讀看呢——

記得當時我好像是這樣回答的。雖然說話的方式也許有點可笑，但那是很正確地反映我當時心情的表達方式，現在我還是這麼認為。

（中略）

不過那樣的書終究完成了。儘管說那樣的，僅僅是滿足了「我寫」的條件，而讀者對我的期待這另一半的條件則是欠缺的。

（中略）

我沒有將杭士基學當作自己的專業，有關這個人物的思想，我只有一點不尋常的關心。那就是，置於過去大概一百年的語言學潮流中來看時，杭士基的主張到底具有什麼意義？從這樣的角度來談杭士基，倒也弄清了他以前所追尋的近代語言學到底是什麼。跟杭士基有關的事情，我想瞭解的僅此而已，既然有這樣的願望，我以此為基礎的杭士基論應該能寫，而且必須寫，我是這樣認為的。

上面曾提到的編輯，不知什麼時候，讓我確信我有餘力以自己的方式論述杭士基，而且還讓我相信，只要根據自己的思考毫不羞怯地、正直地去做的話，一定沒有問題。他曾說，書寫某個思想家的工作不是機械式的，也可以說有幾分是在寫自己。他這番話，我一方面覺得有點過於花言巧語，但同時也成為很大的激勵，結果是我毅然嘗試寫寫看。

×　×　×

今年夏天，我兩次到西突厥斯坦旅行。在六月最初的旅程，我只攜帶著極少數的、體量不大的杭士基文獻離開了東京，曾經有過在撒馬爾罕（Samarkand）的星空下，或者在天山山脈山麓的鄉鎮中，閱讀杭士基的稀有經驗。

（中略）

回國之後，我把預定九月再次前往西突厥斯坦旅行前的約一個半月時間，都耗費在用自己的語言將浮現於腦海中模糊的杭士基像勾勒出輪廓，好歹把一捆原稿交託給編輯後，這次我放下了杭士基，隨心所欲兩手空空地再度踏上中亞之旅。一個月後回來看到的是，我那些如同筆記的原稿已經排成了活字，再也無法退縮了。那時候毅然寫下的文章，這樣相隔了一段時間，頭腦冷靜之後重新再讀，就像過去所寫的情書被擺在眼前般感到害羞，讓我覺得許多違背自己心意的地方也全都跑出來了。因此，雖然對於做了印刷和校對的人們很抱歉，但還是被允許任性地做了大量的增刪，終於完成了這本書。可以說是任性被許可而印出來的書，具有不可思議的權威，束縛了我的自由。但是這事情的經過已不打算寫了。

因為，我曾經被上面提到的那位編輯叮囑說，這個後記本來是不需要的，但假如無論怎樣都想寫的話，也不能累贅地寫成長篇進行辯解了。

因為是《從語言看民族與國家》的作者寫關於普遍語法的杭士基，所以一定很有意思。事實上，對於杭士基的信徒而言，是非常挑撥性的杭士基論。

可是，對於我寫信請求他允許我引用上面的長文時，田中在二〇〇六年七月十一日發來了下面的回信。我也得到他的許可在此引述一下。

作者很喜歡與電影導演篠田正浩聊天，因為常引發他思考。

我收到了令人懷念、熟悉的筆跡來信。你想怎麼用《杭士基》的〈後記〉都可以。那時候，放在同時代叢書，還有現代文庫裡面，都添加在名為〈在七年之後〉的新後記裡了，你若能想起《朝日周刊》的書評所說的：「人物與筆者的組合，是水和油的角色錯配」，以及「對於交付這個任務的文庫編輯，我實在做了十分抱歉的事情」之類的話，那我會非常感激。總而言之，如果沒有大塚先生那樣的鼓動，就不會有這本備受爭議的書面世。我認為這本書超越了僅僅是單純的杭士基傳記、介紹，而是作為語言學的書能夠一直留存下去的。這並不是老者的自責自誇，是做學問的人必須要有勇氣的問題。寫得太長了。祝好！

艾森斯坦／凱因斯／西田幾多郎

電影導演篠田正浩是勤奮鑽研的人。電影自不待言，從歷史和文學以至現實社會，他都有獨特的見解。因此，與篠田聊天很有趣，也常有引發我思考的事情。關於艾森斯坦，一定有很多要說的。特別是電影蒙太奇，是不通過文字表現的語言活動，篠田在《白井晟一研究I》（一九七八）中曾經發表過，還清晰論述了艾森斯坦與俄羅斯形式主義的關係。從這方面來說，我也認為《艾森斯坦》是寫得很有意思的書。從篠田的電影作品，或許比較難看到艾森斯坦的直接影響，但是到了他自認為的最後作品《間諜佐格爾》（*Spy Sorge*）中，在解明歷史事件的這一點上，可說是基本繼承了《戰艦波將金號》的思想。

後來雜誌《赫爾墨斯》得到他撰寫的短篇散文連載，以取稿為理由，我與他在澀谷的某家咖啡店見面，一聊就是好幾個小時。其後，在音樂會或派對見到時，他總是滿臉笑容、精神奕奕地跟我打招呼。

接下來，也說說西部邁的《凱因斯》。看到西部的名字，也許會有人表示驚訝「哎呀」。但是，近四分之一世紀之前的西部，是風華正茂的社會科學者。當我到位於麴町的《季刊・現代經濟》編輯室拜訪他時，被認為是現在革新派評論家的經濟學者M在那裡等著。向西部講述了我們的希望並拜託執筆，當即得到理解。完成的原稿內容實在是高格調，讓人感到「英國流」的穩重，也許難以與今天西部的著作聯繫在一起。

上面寫到西部是「風華正茂的社會科學者」，當時的他不管在經濟學、社會學、人類學，以及歷史學等，都進入了他思考新的社會科學建構的範圍。看看《社會經濟學》（一九七五）和《經濟倫理學序說》（一九八三）大概就能明白。在此意義上，我認為和前面談到的哈洛德有相同之處，同時與著述了《倫理學筆記》的社會學者清水幾太郎也有著共通的地方。

但是，看西部現在的言行，比對初次會面他跟M氏同席那時的差異，無法不感慨人類生存方式的不可思議。

這個系列也邀得中村雄二郎登場，就是《西田幾多郎》一書。西田學派是以京都大學為中心形成的，該學派晦澀的氣氛是眾所周知的，戰時背景下學派的主要成員所進行的「近代的超克」論爭，我認為那是黑暗中的影照。總之，學派外的人寫西田，著實需要勇氣。然而，中村在這部著作，以「問題群」[14]來把握西田哲學，並大膽切入。而且通過對「場所邏輯」的重新把握等，致力於建構西田幾多郎的超脫理論。

儘管最初，不是沒有聽到對於記述的零碎批判，但過了不久便看到對中村的批判性評價變得正面。自此，一直到今天，有關西田能夠從自由的立場被廣泛給予評價，例如二〇〇二年開始由岩波書店刊行的《新版・西田幾多郎全集》（全二十二卷）的編委成員也有所反應。附帶一提，竹田篤司、里森胡貝爾（Klaus Riesenhuber）、小坂國繼、藤田正勝是編委。

海森堡／花田清輝／和辻哲郎

這個系列最被廣為閱讀的是，見田宗介的《宮澤賢治：走進存在的節慶中》（一九八四）。在一九八四年，還出版了宇佐美圭司的《杜象》、村上陽一郎的《海森堡》、小田實的《毛澤東》；在一九八五年出版了高橋英夫的《花田清輝》。接著在一九八六年出版了坂部惠的《和辻哲郎》。其中，關於村上陽一郎、高橋英夫，還有坂部惠的書，在此略述一下。

首先是關於村上的《海森堡》，在書的〈後記〉中他如此寫道：

當岩波書店的大塚信一提出這個工作的時候，我曾經躊躇。要寫海森堡（Werner Karl Heisenberg），有許多其他的合適人選。描寫海森堡個人的話，有與其個人交往極長久的山崎和夫（譯有《部分與全體》，以及大量有關海森堡的翻譯文獻），及眾多以海森堡為師的日本物理學家；或者也有像渡邊慧老師那樣的，從德布羅意（Louis de Broglie）到波耳（Niels Henrik David Bohr）、海森堡等，與這些在書中登場的人物以及重大時期有直接關係，連當時被視為秘話的事情也知道的人。

而且，我的任務不是物理學的解說，因此十分猶豫。但是這套叢書比起被認為是最合適的對象，選擇的是稍稍偏離的作者這一點，也很有意思。這一點對於這個系列的其他作者並不適用，但對於我來說是被大塚灌了迷湯。那麼，不是單純地寫海森堡，而是作為科學的戲劇性事件恐怕沒有能與其匹敵的，也就是按照我的方式嘗試追索二十世紀前半的相對論和量子論誕生的過程。我基於這樣的理解前提，接受了這個任務。以前，我在雜誌《第三文明》上給這種工作開了頭，由於書店方面的情況而中斷了，同時也產生了讓我某種程度地利用這些資源的方便性。因此，這本書雖然名為《海森堡》，但是內容設定與聚焦於海森堡的評傳旨趣極為不同。希望得到讀者的理解。

正因為如此，可以說本來題材是極富趣味的，應該是一種誘發知識亢奮的東西。我真的有些擔心用我的手法，是否做得到那樣？若有幸能夠點綴二十世紀最初四分之一時期的全景知識戲劇的一端，作為作者，沒有比這個更高興的。

如上所述，這本書真的是意味深長，完成了二十世紀前半的知識戲劇。本書精彩地描寫了科學史的「聖俗革命」，我認為只有村上能做到。

編輯實務是與下面會談到的《花田清輝》一樣，交給了N負責。之後，與N一起做「叢書・旅行與場所的精神史」和「新講座・哲學」。然後過了不久，N開始策畫和編輯以哲學和聖經學的領域為首，幾個大的企畫。憑著坂口FUMI的大作《「個體」的誕生：創建了基督教教義的人們》（一九九六）的編輯工作，榮獲了優秀編輯的獨特獎項。

總之，包括「新講座・哲學」的編輯委員等，我在許多方面得到了村上諸多關照。這是來自於他溫和的品格，以及與我基本上是同代人的親近感。

也許是我的任意解釋，老師的著作具備一貫的優雅魅力，大概因為他本身是大提琴演奏者，有著豐富的感受力。

接著是關於高橋英夫的《花田清輝》。如第一章所寫的，從在《思想》編輯部的時期開始，我對於花田便抱有特殊的情感，能得到高橋寫的這本書，我非常高興。

這次也引用一下該書的〈後記〉。

當我說出我正在寫有關花田清輝的書時，好幾次得到的回報都是一臉意外。其實，我自己也很意外。最初，岩波書店大塚信一老師帶著「二十世紀思想家文庫」計畫來的時候，他沒有輕易地說出要我寫什麼人，而是在巧妙的時機提起「花田清輝」。記得我當時有點茫然，這到底行不行？但是隔了些時間我正在考慮的過程中，逐漸想到我與花田清輝也不是沒有觸點。豈止那樣，即使沒有直接的接觸，也越發感到關於花田清輝的思考是有意義的。

結果，高橋的這本書，和花田與林達夫的關係等，實在饒有趣味。在此意義上，花田，還有前面也寫到的對於高橋工作予以高度評價的林達夫，一定都會感到高興。附帶提一句，高橋的著作《我們的林達夫》在一九九八年由小澤書店出版。

一九八三年坂部惠著述了力作《「接觸」的哲學：人稱的世界及其基礎》；接著在一九八九年撰寫了《人格的詩學：說話、行為、心靈》，一九九七年執筆了《「行為」的詩學》。

其中，也許只有這本《和辻哲郎》讓人感到是有點異質的書。

毫無疑問，這本書是唯有坂部才能寫出的獨特的和辻論。因此，我委派了O負責，在這本書獲得「三得利學藝獎」的時候，O和我都非常高興。

對我來說，坂部與市川浩都是繼中村雄二郎之後最有力的哲學者。正因為如此，包括《赫爾墨斯》和講座等，我都很恣意地提出了請求。最甚的大概是後面會談到的《康德全集》的編輯委員。不過，老師不管什麼時候都笑著回應我，只要想起這些，內心便滿懷感激。

現狀中難以實行的計畫

一九八三年一月，我早早地開始了「二十世紀思想家文庫」的出版；四月，實現我最初的講座計畫「精神科學」（全十卷・別卷一卷）。準備大型的「講座」系列計畫大概需要三年時間。因此從八〇年代初已經開始了準備工作。這個「講座」的意圖是，把過去一個世紀的精神醫學和臨床心理學累積成集大成之作。

那時，日本社會經濟穩定過後，逐漸走向泡沫化，起因於「心靈疾病」的各種社會現象和事件頻發。因此，大家很渴求對人「心靈」的洞察和充分理解的知識。然而，不管是精神醫學還是臨床心理學，作為學問的體系都還未完備。

首先，我與河合隼雄商量，得出的判斷是：精神醫學方面的學問體系化雖然並不充分，但是因為大體已有百年間的歷史和蓄積，所以是有可能做「講座」系列的；而臨床心理學方面則由於剛剛才開始走自己的路，還難以體系化。因此，在這個階段通過做「講座」的話，不是有助於推進「心靈」方面學問的發展嗎？——對我這個某種意義上十分胡來的意見，河合考慮了一陣子以後表示贊成。其後，我多次得助於河合類似的「教育性關照」。

不論如何，我決定先跟精神醫學範疇的笠原嘉會面。因為精神科醫生非常繁忙，所以某個星期天的下午，我請他從名古屋來到東京，在岩波書店的一個房間裡跟河合一起與他見面。我開始說明希望做這個「講座」時，笠原馬上說：「目前的狀況根本不可能。能夠好好寫論文的精神科醫生，大概只有四、五人，最多不超過十個。」唯一能指望的精神醫學情況都這麼不好了，我只好不斷地激勵怯懼之心，並傳達了曾跟河合說過的同樣事情。河合也在一旁幫腔說：「是啊。如果在這方面努力的話，精神醫學和臨床心理學都會大有進展的。姑且就當作被編輯騙了，嘗試一下吧。」在河合和我持續說服之下，笠原雖然仍是滿臉疑惑，但最終還是同意了。精神醫學方面，除了笠原以外，還有飯田真、中井久夫兩位；臨床心理學方面，河合以外，還有佐治守夫加入，成為編輯委員。

預告今後十年

五位編輯委員多次聚集在一起，最終制訂結構如下：

第1卷　精神科學是什麼？
第2卷　性格
第3卷　精神危機
第4卷　精神與身體
第5卷　食・性・精神
第6卷　生命周期
第7卷　家族

第8卷　治療與文化
第9卷　創造性
第10卷　有限與超越
別　卷　外國的研究狀況與展望

執筆者共達百人以上。超出了笠原的預想，得到了很多精神科醫生、臨床心理學者的參與。編輯成員是我跟T君、U君三人，編輯實務則交由他們二人負責。為了取得原稿，兩人飽受辛勞，但也與年輕的精神科醫生、臨床心理學者關係變得親密。結果，幾年之後，這個「講座」的副產品「叢書・精神科學」（全十六冊，一九八六年發刊）誕生了。在叢書登場的安永浩、小出浩之、山中康裕、內沼幸雄、成田善弘、河合逸雄、瀧川一廣、遠藤綠、野上芳美、大平健、吉松和哉、花村誠一等諸位，日後活躍於種種領域。中井久夫為叢書的內容簡介冊子所寫的文章，確實如同預告文，引述如下：

「登山者不帶走整座山，只帶走一朵龍膽花」是西方詩人的一句詩，精神科醫生的營生中可資言語的東西甚少，能夠編纂成書的東西更是寥寥。這種「現場的知」能夠作為《精神科學》，得到他者指出這一切對理解人類做出貢獻，讓處身於狹窄世界的我們感到驚訝。若如所言，不說其他，這套叢書預告了今後十年我們精神醫學代表性的一面可說稱職吧。

精神科醫生的獨特性

要說為了取得這個「講座」系列的原稿，最令人煩惱的是編委中井久夫。中井知識廣博，涉及精神醫學以外的各種領域，最為人所知的是他會翻譯希臘語詩歌。但是，如果所給的主題如他所願，像先前談到哲學講座的山口昌男一樣，中井也是絕不可能就在規定頁數內寫完的。因此第八卷《治療與文化》的卷首論文〈概說：文化精神醫學與治療文化論〉整整一百二十四頁，占了這一卷的三分之一篇幅。後來，以《治療文化論：精神醫學再構築的嘗試》為題，收進「岩波同時代文庫」，因為它足有一部書的分量。

中井有時會自己寫病歷，住進自己當教授的神戶大學醫院。他的構思意義超群，但有時候行為也有些許異於常人。記得是在京都舉行編輯會議時，他缺席了。後來聽說是因為搭乘新幹線過了站，一直坐到名古屋，所以來不及。不過，根據中井自己的分析，那是因為他曾經在京都大學時代受過精神創傷，所以潛意識中迴避了去京都。對於這件事，笠原和河合也只是說果然如此，絲毫沒有感到不可思議的表情，令我覺得奇怪。

至於笠原，自此得到他的很多幫助。他經常滿臉笑容，以獨特的高雅穩重語氣說話，是個讓人感覺安心的精神科醫生。之後拉岡（Jacques Lacan）的《研討班》（*Le Séminaire*）翻譯出版了多冊，拉岡難解的文章之所以能譯成日語，是因為笠原主持的拉岡研究會、《研討班》的讀書會。從那裡誕生了多位優秀的精神科醫生，暫且只舉小出浩之和鈴木國文兩位的名字。後來還有剛從法國回來的新宮一成，我也無法忘記笠原曾向我推薦說：「他正是合適《赫爾墨斯》的人物呵。」

也因為有T君和U君的努力，講座才能順利完結，被評價為在奠定日本的「精神科學」上做出了很大的貢獻。在編輯委員工作結束的宴會上，笠原說：「就當作被編輯騙了嘗試了一下，結果出來的講座實在出色。編輯真是可怕啊。」

3 《魔女蘭達考》、《世紀末的維也納》等

也記述一下這一年出版的單行本和「現代選書」。單行本有：

渡邊守章、山口昌男、蓮實重彥的《法國》
中村雄二郎的《魔女蘭達考：何謂戲劇的知》
科恩的《獵殺女巫的社會史：歐洲的內在惡靈》（山本通譯）
休斯克的《世紀末的維也納：政治與文化》（安井琢磨譯）
阿部善雄的《最後的「日本人」：朝河貫一的生涯》
勞埃瓊斯（Hugh Lloyd-Jones）的《宙斯的正義：古代希臘思想史》（*The Justice of Zeus*，真方忠道、真方陽子譯）
川北稔的《工業化的歷史前提：帝國與紳士》
坂部惠的《「接觸」的哲學：人稱的世界及其基礎》

「現代選書」有：

山口昌男的《文化的詩學I、II》

「臨床的知」、「戲劇的知」、「情感的知」

中村雄二郎的《魔女蘭達考》在六月二十日出版。翌月十四日出版了前面曾經談到的《西田幾多郎》（二十世紀思想家文庫）。中村在《西田幾多郎》的〈後記〉中如此寫道：

> 六月和七月——勞煩了同一編輯（大塚信一）——連續出版了《魔女蘭達考：何謂戲劇的知》和本書《西田幾多郎》。要說這兩本書的關係的話，書名看起來是性質完全不同、毫不相干的課題；而且乍一見，是與「哲學」離得最遠和最近的書的鮮明對比。不過，以自身近來才摸索到的新觀點——從所處理問題方面的情況而言，可稱「情感的知」、「戲劇的知」、「臨床的知」——作為系統的思考計畫，這兩本書的確構成互為表裡的關係。我認為因為兩本書的完成，似乎可以說自己終於從以《共通感覺論》為基礎的階段邁向另一個階段。

《魔女蘭達考》除了一章以外，其他都是由曾發表於「叢書・文化的現在」的論文所構成。

一九七九年，中村和「例之會」的成員井上廈、大江健三郎、清水徹、高橋康也、原廣司、山口昌男、吉田喜重、渡邊守章等連袂前往峇里島。翌年，他又與「都市之會」的成員市川浩、多木浩二、前田愛幾位一起，重訪峇里島。這本書的內容以該地的體驗為基礎，主要課題「臨床的知」、「情感的知」、「戲劇的知」，可說是在與上述各位共有知識的氛圍中醞釀成熟的哲學概念。

因此，我認為山口昌男的《文化的詩學》也有共通之處。不光是山口，其他成員應該也會有大大小小的共通點。而且，前面曾經引述的中井久夫文章裡出現「現場的知」這樣的詞句，亦不是偶然的。這一點，我視作一種最美好的「時代精神」，並為自己能夠多多少少地參與其中，感到欣喜和自豪。

作者與《世紀末的維也納》譯者安井琢磨（左）。安井琢磨是位經濟學家，也對哲學知之甚詳。

迷戀維也納的經濟學者

下面要談談我最難以忘懷的一本書，休斯克的《世紀末的維也納：政治與文化》（安井琢磨譯）。安井是日本近代經濟學的著名開拓者之一，最初幫我引見會面的，是前輩T。這是發生在新書編輯部時的事情。

跟老師邊吃飯邊聊了兩三個小時，很驚訝幾乎沒有出現過經濟學的話題。印象特別深刻的是他對我說：「最近，『岩波新書』出版的《現象學》，那本書很有意思。」T

跟他介紹「那本新書是大塚君做的」，接著我們的話題都圍繞著現象學。與《世紀末的維也納》也有些關聯，因為這個時期，安井正埋頭探索研究誕生了近代經濟學元祖瓦爾拉（Marie Esprit Léon Walras）的知識風土。當然，對維也納學派和維根斯坦（L. Wittgenstein）也抱有興趣。所以，對哲學動向也知之甚詳，聽他說話，真是大吃一驚，這就是著名的近代經濟學學者呵。

自此以後，我經常到安井家——最初是在長岡天神，然後是在寶塚市的逆瀨川——叨擾他，惠受形形色色的教益。特別是關於他喜歡的維也納畫家克利姆（Gustav Klimt）和柯可西卡（Oskar Kokoschka），那時候基本上還沒有專門研究他們的美術史學者，從老師那裡聽到許多有意思的事情，比如，一位名為耐比合（Christian Michael Nebehay）的維也納牙科醫生對克利姆做了很多調查，寫了一部大書，故此正在與他通信。

安井對克利姆感興趣，是因為克利姆畫了維根斯坦的姐姐瑪格麗特的肖像。一方面老師對維根斯坦的興趣也擴展到波普爾的研究，甚至還跟波普爾會面了。以前波普爾的自傳《無盡的探求》（一九七八）作為「現代選書」出版的時候，他還給我們指出了種種的細部事實。

老師獲得文化勳章前我去祝賀，他只說了：「連一直完全沒有關係的車站前的銀行分店店長，都拿著花出現，說存款的事請多多關照。實在煩人真是沒辦法」。那我就不提授勳，而是談維也納的話題了。在這樣的狀況下，好幾個決定了的經濟學相關企畫都毫無進展的動靜。

我瞭解安井的興趣所在，拜託了他翻譯《世紀末的維也納》。引述他在該書〈譯後記〉中的話來說明一下。

我……把維也納學派和維根斯坦當作媒介，從一九七〇年代初期開始，以克利姆為線索逐漸迷上了維也納和維也納文化……知道我熱中於維也納的岩波書店的大塚信一，在原書公開出版之前的一九七九年秋天，帶來了書的校樣慫恿我翻譯。由於校樣包含了我曾經讀過的四篇論文，所以我對大塚的提議欣然接受。

如他所說的，原書出版（一九八〇）的前一年，我在克諾夫出版社（Alfred A. Knopf）的目錄上看到了預告，立刻寫信請求寄來校樣。我看到的校樣雖然還沒有插入彩色圖版，但已經覺得非常有意思。我因此買下翻譯版權，並去拜託安井翻譯。那時候我沒有想到，其中七篇論文，老師已經讀過四篇了。七篇論文如下：

I　政治與心理：施尼茨勒和霍夫曼斯塔爾
II　環城大道：其批評者及現代都市計畫的誕生
III　新基調中的政治：奧地利三重奏
IV　佛洛伊德《夢的解析》中的政治與弒父
V　克利姆：繪畫與自由主義自我的危機
VI　花園的轉型
VII　花園裡的爆發：柯可西卡與荀白克

這本書敘述了所有關乎維也納的世紀末文化：政治、城市、建築、思想、心理、繪畫、文學、音樂，並說明它們的相互關係。在美國出版後即成為暢銷書，而且在第二年獲得了普利茲獎（非小說類）。但是，很難用一般的方法進行翻譯。不愧是安井，歷經千辛萬苦為我們精準翻譯。

過程中，也發生了這樣的事情：「經岩波書店的安排，我曾經有機會與休斯克教授夫婦於京都會談，就在一九八一年四月他們夫婦應國際交流基金邀請來日本訪問期間。一夕歡談了本書內容和維也納文化，讓我留下了難以忘懷的快樂記憶。教授回答了我提出的問題，並且談了關於自己的研究進程以及本書構成的很多情況。這成了我翻譯工作開展上的巨大心靈支持。」（〈譯後記〉）

兩人的會談是在一家名為「中村」的京都料理老店進行的，休斯克夫婦不習慣坐在鋪著榻榻米的日式房間，儘管兩條腿感到難受，但仍然很高興地與我們吃飯和聊天。夫婦倆似乎相當開心，還對我說，希望邀請我去他們在長島的別墅。

這本書有關荀白克（H.C. Schonberg）等的音樂方面，得到專家德丸吉彥的幫助，完成了翻譯，並在一九八三年九月出版。那時候的定價是六千兩百日圓，即使是「菊判」[15]接近五百頁的大書，也絕對說不上便宜。然而，實在令人吃驚的是，這本書銷售了近一萬冊，還獲得了「翻譯出版文化獎」。

比原書還正確

為了紀念《世紀末的維也納》一書出版，一九八三年十一月，安井的眾弟子們組成「安井琢磨Seminaristen」舉行了祝賀會，我也被要求發言，再次引用一下有關紀錄（《安井琢磨Seminaristen通訊》第十七號，一九八四）。

請允許自我介紹一下，我是大塚。首先最重要的是，對安井老師為我們所做的卓越翻譯工作，致以衷心的謝意！

今天有幸獲邀參加如此盛大的聚會，也十分感激。更加要說的是，因為今天出席的四十多位老師，使我們銷售了四十多冊書，這是岩波書店的榮幸。懇請各位今後繼續指教、支持。

我在二十多年間，一直從事編輯工作，這個職業猶如「黑子」[16]，本來不應該在這樣盛大的場面出現，但是因為被指名了，所以我想如果容許我向大家介紹安井老師為《世紀末的維也納》這本書做了什麼樣的工作，或者與原書作者休斯克究竟是怎麼樣的關係，說說其中的二三事，那我就算是盡了責任。

首先是關於老師的工作情況，如同剛才松本老師也有介紹的，說是完美主義，我確實徹底瞭解；用一句話來概括，這本書比休斯克老師的原著還要完美，我認為可以肯定地這樣說。

為什麼能夠這樣說，例如無論是克利姆，或是建造了環城大道的建築師華格納（Otto Wagner），安井老師都涉獵了所有相關文獻，而且原書作者休斯克老師只是引用英譯的霍夫曼斯塔爾（Hugo von Hofmannsthal）的詩句，老師於翻譯時甚至還全部對照德文原著進行確認。原書中存在的種種錯誤，儘管那是因為英美學者比較多採取粗略引用的方式，但這本書比原書還正確，並且附有仔細嚴謹的譯文。因此，這確確實實是完美的書。

還有，我想各位可能已經看到了，《朝日新聞》的書評末尾這樣寫道：「近來罕見的名譯」，其實寫那篇書評的，是德國文學研究者種村季弘。他是德國文學的研究者，精通歐洲文化，也撰寫各式各樣有意思的文章，而且著述甚豐，擁有眾多書迷，很少讚揚別人。就是這位老師說出了「近來罕見的名譯」，我想大概沒有比這更好的讚美了。

接著談一下老師與原作者休斯克的關係，那是前年（一九八一）春天，某個晚上在京都，邀請到安井老師和休斯克老師夫婦聚餐。當時休斯克老師是應國際交流基金之邀訪問日本。休斯克老師本身是政治思想家。作為德國社會民主黨的研究者而聞名。因此，日本方面的招待場合，也基本上以政治學者為中心。而當時，來到日本訪問的休斯克老師與安井老師的歡聚，其實發生了令人驚訝的事情。

雖然二位完全是初次見面，竟然愉快地暢談了超過三個小時。我碰巧有機會同席深感榮幸，實際上不光是我一個人非常興奮，那是因為休斯克老師也十分開心，他對日本國際交流基金負責接待的萩原延壽說，在日本最快樂的事，就是與安井老師的會談。萩原延壽老師還專門打來電話，告訴我休斯克老師所說的話，並表示感謝。我想跟大家介紹的，就是休斯克老師在日本最快樂記憶的這件事。

休斯克老師是非常著名的政治思想家，當然安井老師也是著名的經濟學家，兩人都在不是直接的專業領域裡盡力做了各自的工作，而且跨越了語言的種種障礙，敞開真心談了三小時以上，實在是難得的機會。我從事編輯這個職業的二十年間，即使曾經有過很多類似的同席經驗，這卻是人生難逢的。

最後，請容許我說一下自己的事，其實從十幾年前我在岩波新書編輯部工作的時候開始，安井老師就給予我種種的指點。每次到老師府上拜訪，他總是說：「你讀過這本書嗎？」或「知道這本書嗎？」拿出一本又一本的書來，當然大部分都是我不知道的。因此我想，老師說的事情即使能理解一半也好，於是拚命去學，直至現在仍然沒有被老師嫌棄而保持交往。聽聞在座的各位，都是東京大學或東北大學的研討班出身的，而我純粹是安井講座私下的在學生。最初處身這裡時，感覺自己非常不合時宜，但是剛才所談的事情，也許可以作為讓我參加今天這個集會的理由。

今天真是非常感謝。

這本書出版以後，掀起了維也納熱的現象，克利姆和柯可西卡大受歡迎。然而，我認為沒有書能像它那樣靠近維也納文化的核心。

編輯是失敗者嗎？

關於阿部善雄的《最後的「日本人」：朝河貫一的生涯》，這本書的編務交由曾擔當講座「精神科學」工作的U負責。提到U有很多的回想，這裡記述一下他調動到編輯部時的事情。他進入公司以後一直在業務部。聽說他是業務部的特例，有時間就會進倉庫裡，閱讀各種各樣的新書或舊書。而他特別愛讀幸田露伴的書，這是我後來瞭解到的。

在U即將要調來編輯部之前，當時我是他被分配來的所屬課組的主管，某天傍晚約了他到位於大塚的一家居酒屋。我跟他說了編輯人員的基本心得之類的，在喝了一點點酒後，他信口開河說道：「所謂的編輯，反正都是失敗者吧。因為，那是無法成為作家的人無可奈何之下從事的工作。」這番話讓我吃驚。其實，從編輯成為小說家或是學者的例子不少。然而，我從來沒有像他說的那樣想過，我認為編輯的工作與作家和研究者的工作完全是兩回事。因此，我跟U說：「今天在這裡我不反駁你的意見。但是當你做了一年的編輯工作以後，我們再談。」

U負責編阿部善雄的書，是調到編輯部之後不久的事。朝河貫一戰前曾經在美國耶魯大學講授法制史，是國際知名學者。經由日歐封建制度研究，與歷史學家布洛克（Marc Léopold Benjamin Bloch）有深厚交情。他的「入來文書」[17]研究很著名。當日美間的形勢變得糟糕時，朝河貫一在美國土地上積極遊說美國政府，盡力避免開戰。另一方面，也希望向日本政府呼籲，然而沒有引線，因此他透過岩波茂雄等向日本的政治家和知識分子傳達了反戰意圖。

作者阿部善雄（一九八六年逝世）完全把握了朝河貫一這樣的姿態。可惜的是，對朝河過甚的褒揚、多餘的形容詞和過度修飾的文章，讓人生厭，為原稿帶來了反效果。為此，我在十頁左右的校樣上用紅筆徹底修改，嘗試盡可能刪減為只傳達事實的文章。我給U參看，囑咐他剩下的原稿以同樣方式修改。當然，還必須取得作者的諒解。這並不是一般的編輯作業。U拚命努力的結果，稱之為名著也不為過的朝河貫一評傳終於面世。

這本書廣受歡迎。特別是在朝河的故鄉福島縣二本松市的書店非常暢銷。在國際文化會館舉行出版紀念會時，很多二本松的人士參加，十分熱鬧。這本書在一九九四年收進「同時代叢書」，二〇〇四年收進「岩波現代文庫」，吸引了更多讀者閱讀。

出書後不久，U對我說：「請您應酬我一晚。」在神保町一家秋田料理店剛開始喝起來的時候，U說道：「我調到編輯部前曾經說的話錯了。我朦朦朧朧地逐漸看見了，編輯到底是怎麼樣的工作了。」自從在大塚的居酒屋談話以來，經過了一年多的時間。U繼負責講座「精神科學」之後，出版了好幾本具特色的書，也親手做了一些講座副產物的叢書，並且在數年後，完成了出版「全集・黑澤明」（全六卷，一九八七至八八）的心願。

岩波書店當時出了不少作家的全集，卻是首次出版劇本的全集。策畫這套全集，從一開始便困難重重，但是U的熱情打動了巨匠黑澤明，得以完成企畫。U曾兩次帶我去與黑澤明會面。當我們到御殿場[18]的別墅拜訪他時，黑澤從書庫拿出有關俄羅斯前衛藝術的書說：「我希望用這種紅做裝幀。」全集的裝幀就如此決定了。全集獲得了很大的成功。可是，U後來遭遇了重大事故，不得不退職。

作者的「夜襲早擊」

我無論如何都希望提一下「現代選書」的《文化的詩學Ⅰ、Ⅱ》。因為這是我最愛的山口昌男著作，而且是最能呈現他知識廣博的範本。兩卷的章題如下：

Ⅰ

序論　恰帕斯高原的狂歡節：抑或祝祭的辯證法

第一部

Ⅰ　奧他維奧・帕斯與歷史詩學

Ⅱ　奧他維奧・帕斯與文化符號學

Ⅲ　《源氏物語》的文化符號學

Ⅳ　文化符號學研究的「異化」概念

II

第三部
VIII 交換與媒介的磁場
IX 名為書籍的劇場

我只要看到這個目次，當時的火熱狀況便浮現眼前。除非山口出國，否則每天早上過了八點就打電話來我家，大概十五至三十分鐘左右，講講昨天做了什麼呀，今天準備做什麼呀。經常被我妻子說：「你們真像戀人呢！」

我們會一起去看有意思的展覽，也一定會結伴觀賞受矚目的戲劇和演奏會。而山口主持的研究會，如果我沒有出席他會心情不好。山口與其他出版社或雜誌的編輯見面，只要我的時間能湊得上，也會跟他會合。不問晝夜，只要有空，就到啤酒屋或酒館喝酒聊天。我也不時去山口家，他在國內外買的書裡面，有重複的會挑出來給我。他的外國朋友來日本時，經常把我也拉來。而美國著名的文化人類學者薩林斯（Marshall David Sahlins）夫婦訪日，除了讓我和他們共進晚餐，第二天還讓我給薩林斯夫人當嚮導，探訪古董店。只是這樣的場合山口都不出現。但也曾發生少有的事情，山口在酒館醉得不省人事，翌日一早我去把他救出來。

幸虧有這樣的生活，山口一篇接一篇地寫出了結集在書中的那些論稿。確實，可以用符號學分析任何事物。因此，如這本書所顯示的，老師一個一個地剖析。而且由於犀利，那樣的行動是沒有止境的。隨著《赫爾墨斯》的創刊，呈現更為火熱的狀態。有關情況稍後會詳細談到。

先介紹某天晚上我與山口、大江健三郎三人一起喝酒的場景。大江從櫃台的花瓶掐下花朵泡在威士忌裡，然後把花朵壓在杯墊的背面描了模樣。山口看到後，在那上面首先寫道：

Hainuwele
符號學竟是
無關係
昌

大江承接寫下：

大宜都
比賣神也是
micro
cosmos
健

Hainuwele[19]，是因為神話學者Y曾經寫了有關的書。而「大宜都比賣」[20]則是我們三人在談論的話題。當時，山口的符號學研究到底有多意氣風發，大概能以此想像。

才俊之會

一九八三年我企畫並出版的書籍如上所述，同時這一年創立了可說是年輕版的「例之會」。最初曾叫「新人之會」，兩三年後也曾稱為「現代文化研究會」，其間名字隱沒掉了。但是，聚會仍持續了五六年。

當初的成員有：伊藤俊治（美術評論）、丘澤靜也（德國文學）、土屋惠一郎（法律哲學）、富永茂樹（法國思想史）、富山太佳夫（英國文學）、中澤新一（宗教學）、野家啟一（哲學）、花村誠一（精神醫學）、松岡心平（國文學）、八束HAJIME（建築）。後來，有落合一泰（文化人類學）、佐藤良明（美國文學）、森反章夫（社會學）、奧出直人（美國研究）等加入。當時，他們是助教或講師，兩三年後也有些人成為了副教授。他們過去都是新銳學者。

我這方面，只是每月一次提供場地（岩波書店的會議室）和膳食，聚會由某位成員做報告，接著大家進行議論。即使專業領域不一樣，個個都是以一當千的人物，因此議論激烈，很有意思。岩波書店除了我，還有T和新人K參加。

偶爾，也會邀請嘉賓。比如，戲劇的如月小春和現代音樂的一柳慧，以及植島啟司（宗教學）和新宮一成（精神醫學），還有田中優子（國文學）和松浦壽夫（法國文學）等等。而且，我曾經得到八束HAJIME招待參觀他新建的住宅。那個建築物非常獨特，讓人想到維也納分離派建築。大家總是討論著八束氏的極佳品。

各個成員當時所關注的課題，即便還不是很成熟，也會在這個會上發表，請其他領域的人提供意見；幾年後我聽到好幾個成員都說這些建議很有參考價值。成員裡只有中澤新一極少出席，但有時候出人意表地，與兩三位朋友結伴而來。富永是從京都、野家是從仙台來參加的，五六年間堅持出席，實在難能可貴。

時間充足並精力旺盛

成員們今天活躍在各個專業領域，已成為首屈一指的人物。當年他們都有充足的時間和旺盛的精力，因此，我能夠約請各個成員為我們做了很多工作。應該說，我也把很多工作強加給他們，這樣表達也許更準確一些。

最極端的例子，大概是富山太佳夫。前面已有提到西比奧克著的《福爾摩斯的符號學》，在此之後接連拜託他翻譯了卡勒的《論解構Ⅰ、Ⅱ》（一九八五，與折島正司合譯）、休斯（Robert E. Scholes）的《符號學的樂趣：文學、電影、女性》（一九八五）、達爾斯默（Katherine Dalsimer）的《思春期少女：從文學看成熟過程》（一九八九，與三好美雪合譯）、蓋洛普（Jane Gallop）的《閱讀拉岡》（一九九〇，與其他二人合譯）、多姆霍夫（William Domhoff）的《夢的奧秘：塞諾的夢理論與烏托邦》（一九九一，與奧出直人合譯）。

至今，包括本身的著作，究竟老師為我們做了多少本書呢？富山涉獵的範圍超群廣泛，最重要的是拜託他大可放心。因此，編輯部收到一些棘手的譯稿時，也經常向他求助。即使是專業領域中的著名人物，翻譯並不一定高明和正確。我們把很多隱藏幕後的工作都強加給了他。

要說我強加給他最大的工作，應數《岩波－劍橋・世界名人辭典》（一九九七）。拜託他任日本版的主編，與金子雄司一起，為我們完成了這個實在麻煩的工作。那是後來我兼任編輯和辭典負責人時的事情了。我相信他的淵博知識而把工作託付給他，是正確的判斷。

這部辭典，除了富山、金子兩位主編，還邀請了可兒弘明、河合秀和、佐藤文隆、佐和隆光、多木浩二、德丸吉彥、中村雄二郎、山內昌之諸位老師擔任日語版編輯委員。每一位都旗鼓相當。

後來的《岩波伊斯蘭辭典》（二〇〇二）也拜託了山內昌之擔任編輯委員。山內老師，包括他的夫人，都曾經給予我很多幫助。他為我們執筆了大作《不服氣的男子：恩維爾・帕夏・從中東到中亞》（一九九九）等多部書，後來，有見於當時過於粗率的政治狀況，作為「緊急出版」，約請了老師撰寫《政治家與領導才能：超越民粹主義》（二〇〇一），難以忘懷。

還有我也拜託了丘澤靜也各種各樣的工作。包括安迪（Michael Ende）、艾普勒（Erhard Eppler）等所寫的《在橄欖樹森林的談話：幻想、文化、政治》（*Phantasie, Kultur, Politik: Protokoll eines Gesprächs mit Erhard Eppler und Hanne Tächl*，一九八四）和安迪作品的翻譯，有《鏡中之鏡：迷宮》（一九八五）、《繼承遺產遊戲：五幕悲喜劇》（*Der Spielverderber: Eine komische Tragödie in 5 Akten*，一九八六）、《夢之舊貨市場：午夜詩歌與輕敘事詩》（一九八七）、《麥克・安迪的獵蛇鯊》（一九八九）；以及安迪、克里希鮑姆（Jörg Krichbaum）的《黑暗考古學：論畫家愛德格・安迪》（一九八八），安迪、波依斯（Joseph Beuys）的《圍繞藝術和政治的對話》（一九九二）等。

一九九六年我還請他翻譯了安迪編的《麥克・安迪讀過的書》。本書蒐集了莊子、史代納（Rudolf Steiner）、歌德（J.W. von Goethe）、海瑞格（Eugen Herrigel）、霍克（Gustav René Hocke）、杜思妥也夫斯基（F. Dostoyevsky）、馬奎斯（Gabriel José García Márquez）、博爾赫斯（Jorge Luis Borges）等二十五位思想家、作家的作品，深具興味。

丘澤人如其著《身體智慧・心之肌肉：游泳、跑步、思考》（一九九〇），他重視身體和精神平衡，思想獨一無二，與他獨特的說話方式一起，讓人留下深刻印象。至今他仍然時常給我游泳和跑步的故事，帶給我許多刺激。

法律哲學專業方面，中村雄二郎的門生土屋惠一郎，也是性格有趣的人。我們拜託他翻譯呂格爾的《現代哲學I》（一九八二，與坂本賢三等合譯），也請他在《赫爾墨斯》登場，並且給我們出版了多部著作。早期的有《元祿梨園名角傳》（一九九一）、《獨身者的思想史：解讀英國》（一九九三）。

土屋除了是一位思想史家，也具有演出籌畫推廣者的特殊才能。他與松岡心平一起，創設了「能」的革新組織「橋之會」，因長年推行復演古曲而知名。現在，他跟松岡等一起建立了「能樂觀世座」，積極地堅持能樂表演。託土屋、松岡的福，我有機會欣賞到很多能樂表演。

松岡心平是中世紀藝能的專家，以獨特的視點向我們傳達日本文學的趣味。也在這個研究會上，為我們做了關於「稚兒」[20]的講演。他最初的著作是《宴之身體——從婆娑羅到世阿彌》（一九九一），其後他的活躍廣為人知。

八束HAJIME老師在「二十世紀思想家文庫」中撰寫了《柯比意》（一九八三）。最近我收到他賜贈名為《作為思想的日本近代建築》（二〇〇五）的大作。

野家啟一後來為我們寫了好幾本書，下面將會談及。其他成員如今也各個自成一家，然而二十年前的一個個年輕面影，並沒有在我的腦袋裡消失。

第五章　向不可能挑戰——《赫爾墨斯》之輪 I

1　為文化創造而辦的季刊

無謀之勇

一九八四年，我也經手出版了幾種單行本和現代選書。同年十一月，推出「旅行與拓撲斯（Topos）精神史」新系列叢書。關於這套叢書待後敘。這一年，也是籌備一九八五年即將正式推出的「新岩波講座・哲學」的最後一年。如前述，凡大型講座最少需要三年的籌備期，這套講座自一九八二年啟動以來，我在編委之間進行了縝密的協調。必須在一九八三到八四年，最終確定主題、落實撰稿人，度過了不克分身的日子。

儘管忙得不亦樂乎，我卻逞無謀之勇，在「叢書・文化的現在」基礎上，醞釀文化季刊雜誌的創刊。這雜誌早在一九八三年秋在全公司長期選題編輯會議上通過，預定翌年務必發刊。這就是季刊《赫爾墨斯》。

我在一年一度的長期選題編輯會議上，說明《赫爾墨斯》創刊的理由時這樣說明：透過代表日本的學者、藝術家連袂，從整體把握包括風俗層面的現代文化，探索面向二十一世紀的新知識方向，及

雜誌《赫爾墨斯》的編輯群。由左至右為：大江健三郎、磯崎新、武滿徹、中村雄二郎、山口昌男、大岡信。

真正豐富文化創造的可能性。然而，這卻是知易行難的課題。

第一，刊物採取編輯群制，請誰或不請誰是一定要克服的難關。學者方面，人選相對好辦。如上所述，山口昌男、中村雄二郎兩人，氣勢如虹，無人企及。藝術方面的人選，有大江健三郎就不會有問題。這三人可謂聲應氣求，在很多問題意識上，互有借重。然而，藝術方面的其他人選呢？這時，在「例之會」和「叢書・文化的現在」的趨勢中油然浮現了三人——建築界的磯崎新、詩人界的大岡信、音樂界的武滿徹。

六人欣然接受擔任編輯群，甚至承諾他們將不遺餘力地合作。後面將詳述，如果沒有他們六人的全力支持，就沒有季刊《赫爾墨斯》。這六位都活躍在國際舞台上，是炙手可熱的大忙人。儘管如此，居然為《赫爾墨斯》傾注如此大量的時間和精力，用今天的眼光來看，簡直就是奇蹟。

感謝三得利

第二，是給雜誌取什麼名字呢？大家提出了各種方案，其中以「媒介者」和「赫爾墨斯」特別引起熱議。「媒介者」是「叢書・文化的現在」編委會的常用詞。「叢書・文化的現在」第八卷，即《交換與媒介》。各卷目次中雖未出現，但卷尾一定有一個人概觀全卷，闡明各論稿的意圖。他就是媒介者。因為這個角色的重要性，全由編委擔任。正如同出版這套「叢書・文化的現在」的主要目的，在於作為學問與藝術的橋梁，而辦刊物，也是試圖在各種異質要素之間架橋、當媒介。比如在學問和藝術、雅和俗、男與女、精神與身體、城市與傳統社會、西方和東方之間等等。因此，「媒介者」的命名亦有難以割捨之處。

另一方面，則是最先由山口昌男提出來的「赫爾墨斯」。山口定義跨界者的特性是，跨領域的知識和變幻自如的行動，而要尋找體現它的存在，則非希臘神話中的神使赫爾墨斯不可。經過一番激烈辯論，赫爾墨斯眾望所歸。

然而，這時卻遇到了始料未及的障礙。經編輯部多方調查發現，「赫爾墨斯」一詞已被三得利公司註冊成商標了，不僅酒類，包括雜誌、書籍也不能用。這樣一來，就不能用「赫爾墨斯」當作雜誌名了。完了，完了，當人們沮喪的時候，山口突然表現出赫爾墨斯的風範。他打算透過某個人，跟三得利社長直接交涉。山口與當時三得利的宣傳部長K私交甚篤，說可以通過K說服S社長，並當即撥通了K的電話。

後來與編輯群、我們都混熟了的K，想必是向社長報告了編輯群陣容，並建言給予特別許可吧。結果，三得利公司正式批准同意。連管理岩波商標事務的顧問律師也說：「我從沒聽過這樣的事」，可見是奇聞一樁。出於對三得利心存感激又不太理直氣壯的心理，刊名確定為《赫爾墨斯》季刊。

編輯群的力作

雜誌名稱雖然有了，可是具體要做出什麼樣的刊物呢？編輯群和編輯部心裡都沒譜。編輯部有T、新人K，我擔任主編。本來，岩波書店幾乎沒出過全彩雜誌。我剛進公司時做過的《思想》，雖曰雜誌，其實通篇活字，更像大學學刊。

我們與編輯群首先討論，誰做包括季刊《赫爾墨斯》的標誌等的封面設計。在磯崎新強力推薦下，決定委託黑田征太郎。名噪一時的插圖畫家黑田能答應嗎？我心裡沒底。但一見面，他二話不說，滿口應承：「衝著編輯群諸位，豈有不接受的道理？」黑田細心琢磨，決定以鳥系列貫串。像鳥一樣自由的鳥封面設計，自創刊號以來持續至第十八期，一直受到好評。

既然雜誌的面孔封面已定，接下來就是誰做版面設計和排版了，經與公司裡資深製作人S商量，決定拜託志賀紀子的設計事務所。事務所裡有志賀，他手下還有三、四名得力大將。

現在想來，連我這個主編也算上，一幫外行辦刊物，還要挑戰需要良好悟性的文化雜誌，簡直是魯莽。雖說封面和排版落實到位，可是內容如何構成？編輯方針八字還沒一撇呢！我開始動腦筋，總之最大限度地調動編輯群，由他們的論稿建構基本框架，其餘版面以年輕人為主打，組織血氣方剛的稿件。方針一出，我便著手編目次，並對T和K聲言：「雜誌的主編必須是獨裁者」。

一般來說，雜誌裡最引人矚目的除了封面，就是卷首插圖吧。這裡就做成彩色照相凹版，由磯崎主持，每期連載「後現代主義風景」。創刊號上，磯崎以「至上主義者地形學」（Suprematist Topography）為題，寫了「哈蒂（Zaha Hadid）的建築」。一般讀者恐怕都是第一次接觸哈蒂，哈蒂極具戲劇性的插圖，讓人倒抽一口氣。加上磯崎挑釁的文章，更強化了版面的戲劇性效果。事實上，磯崎的觀點不僅令人驚異，他還道破現代主義的最終形式——至上主義與俄國形式主義的關係，即形式自律與自動運動的具體驗證。

開篇論文，刊登了山口昌男的「露露（Ruru）的神學：大地精靈論」。文章剖析了從十九世紀末到一九二〇年代，戲劇、藝術的熱門主題「露露」神話，並透過戴維斯（Natalie Zemon Davis）所說「顛倒的世界」的關係，揭示了其本質，不愧為山口的手筆。而謝雷（Jules Cheret）等的插圖也不遜色，傳達出時代氣息。

接著，大江健三郎為刊物寫了小說〈淺間山莊的騙子〉。與季刊《赫爾墨斯》堪稱佳配，小說用「我國稀世人文學者HT（林達夫）」的去世做引子。讀這篇小說，讓我想起林達夫身體還健旺時，我與大江、山口、中村與林達夫多次見面的往事，有時去拜訪林宅，有時在城裡餐廳邊吃邊談。

難忘那次拜訪林家的回程路上，我在藤澤站月台上，山口語出驚人：「嗨，我們有點新柏拉圖主義者的感覺呢！」當時，高橋巖也在場。我是能感覺到這部小說裡流溢著濃濃的新柏拉圖主義氛圍的。

大岡信發表了〈「組詩」檜扇之夜，天的吸塵器逼來〉。這個組詩讓人拍案叫絕。後來大岡也為刊物寫過長篇評論，但他一出手就是如此刺激的作品，我們可說非常幸運。看看「卷三・小曲集」之〈五・曾經叫作神的墮天使之歌〉吧。

說什麼性的倦怠？

還優雅？
滾起來！
我是阿修羅。
住地底　遊太空　寢海床。
好戰樂淫。
是嘍，
她們舞動著絕品的
屁股迎迓
灑滿堤壩的
驕陽。

最後，中村雄二郎以一篇〈場所、通底、漫遊：為了拓撲斯論的展開〉，為雜誌整體做了總結。文章分析了巴爾塔斯（Balthus）的作品，同時對「人生階段」加以論述，再從解讀熊野比丘尼的曼陀羅繪，論及到中上健次的作品，是一篇與季刊《赫爾墨斯》輝映成趣的力作。山口如此，中村亦在繪畫、戲劇、文學、歷史、神話領域任逍遙，有如神使赫爾墨斯般的神通廣大。

多樣的企畫

編輯群的力作分明地勾勒出刊物的性格，為雜誌架構打下堅實的基礎，接下來就應該盡可能表現出多樣性了，我們大膽起用了一批年輕作者。列舉如下：

松岡心平的〈婆娑羅（basara）的時代：表演考古學〉

赤瀬川原平的〈創造價值〉

上野千鶴子的〈社會性別的文化人類學〉（女性主義的地平線①）

近藤讓的〈現代音樂的不可能性，或可能性〉

伊藤俊治的〈鏡中聖像：對新寫真表現的視點〉

另外，還組織了河合隼雄與前田愛對談〈從歌舞伎町到三浦：性風俗與現代社會〉（Decoding Culture①），佐以高橋康也的〈脫繩套的講課：貝克特（Samuel Beckett）與「世界劇場」〉。翻譯也刊登了兩篇，其一為安迪《鏡中之鏡》（*The Mirror in the Mirror*）裡的〈這位紳士只用文字長成〉，譯者為丘澤靜也。

創建了三個專欄：

「表現與媒體」如月小春　瀬尾育生　小野耕世　南伸坊　水木SHIGERU

「知識的方位」花村誠一　小松和彥　高山宏　德丸吉彥　高橋英夫

另一個專欄是「言語表現」，由八人供稿，每次針對同一題目寫一頁散文。具體如下：

高松次郎（顏色）　吉原SUMIRE（光）　淺見真州（音）　鈴木志郎康（線）
篠田正浩（言語）　宇佐美圭司（面具）　杉浦康平（身體）　間宮芳生（聲）

發刊詞

創刊號的內容落實了。萬事俱備，只欠發刊詞。經過幾輪會議，決定由大江擬初稿。他既抓住了編輯群共同分享的情緒，又反映出繼「例之會」、「叢書・文化的現在」以來，編輯群之間齊心協力的成果。以下全文引述：

《季刊赫爾墨斯》的創刊

在當今知識地殼變動中，我們為喚起新文化的萌生，而籌辦季刊雜誌時憶起林達夫說的話：「歷史家……是那些不斷隨機應變，要麼與時代、時間逆行而動，要麼斜滑旁出、無拘無束的人……倘若照老規矩，找個『精神史』守護神的話，恐怕既不是繆斯九神中的克利歐，也不是阿波羅，而是秘教元祖奧菲斯，尤其是冥界、地上界、天上界的神使赫爾墨斯吧。」我們的自由結合、相聚暢想，由來已久。我們被興會淋漓的知識啟動，每個人都在工作中勇氣倍增。它也是激勵我們立足並超越本身的領域，創出獨特文化理論的動力。我們確實在追求隨機應變，逆時代、時間而動，斜滑旁出、無拘無束，並對這種姿態之切要不疑，這已成為共識。

而且，於各自自由的流跡相互交融之處，讀懂、構想同時代的今天與明天，這樣的共同意志，已經清晰形現。我們為新刊冠以赫爾墨斯之名，理由不算不充足。我們願透過這份新雜誌，優游於跨領域的廣闊天地，扮演使者的角色；在相互隔膜的人們之間，起到「媒介者」的作用。我們所希望的是，搭建一個舞台，讓各方才學盡情施展。作為自己的工作已經有一定基礎的人，我們也願摒棄既有表現形式的框框，將根本重組付託於扎實的預期。務使守護神赫爾墨斯的象徵性發揚光大。

磯崎新　武滿徹
大江健三郎　中村雄二郎
大岡信　山口昌男

無謀彌勇

創刊號有了眉目。而我在籌備創刊號過程中，漸漸堅定了一個信念：必須使這份刊物成功。因為是季刊，創刊的聲勢要盡量做大，以澤被第二期以後。其次，創刊號的內容相當充實，讀者是否同時想得到稍微寬鬆的氛圍呢？——這樣一想，腦子發熱，生出創刊號別卷的主意。

出版所謂創刊〇號，投石問路，在出版界不乏其例。然而，我們對本來外行的雜誌已經是心餘力絀，還要同時發行別冊，連自己也覺得瘋狂。但其時勢如排奡，T、K兩編輯同聲回應。編輯群、公司高層雖然也被嚇著了，卻也沒有阻攔。其結果出爐的創刊紀念別冊，內容如下：

雜誌版研討會（戰後日本文化的神話與脫神話①）
尋覓理想國尋找故事：怎樣思考戰後文學？
井上廈／大江健三郎／筒井康隆

雜誌版研討會（戰後日本文化的神話與脫神話②）
科學與技術的劇變：對人、對文化的意義
江澤洋／中村雄二郎／村上陽一郎／米本昌平

對都市與拓撲斯的視點①
都市論的現在
磯崎新／大岡信／多木浩二

全冊由兩個對談和一個座談會組成。我向編輯群大江、中村、磯崎、大岡諸位要求的是連今天也難以置信的協助，他們都慨允幫忙，實屬可貴。

這個別冊免費贈送給季刊《赫爾墨斯》的長期訂戶讀者。出版前我就接受採訪，在媒體上頻頻曝光。編輯群捧場、在新宿紀伊國屋大廳舉辦的創刊紀念會，會場爆棚，盛況空前。大

作者與雅典新衛城博物館建築師楚米（Bernard Tschumi）（左）的會談。

概不枉這些造勢之功，季刊《赫爾墨斯》訂數超過預期，深受讀者歡迎。甚至出現了雜誌鮮見的首印量不夠，必須緊急增印的事態，讓人樂不可支。

磯崎新的「後現代主義風景」

第二期以後的版面，繼承了創刊號和別冊的內容。首先是卷首插圖，磯崎新連載的「後現代主義風景」（連載次數與期號一致，省略期號，後同），列舉如下：

2 楚米（Bernard Tschumi）的魔法：結構主義景觀
3 霍克尼（David Hockney）的攝影拼貼（photocollage）：立體主義攝影
4 （磯崎新的）迪斯可舞廳「Palladium」：多媒體表現空間
5 班茲（Andrea Branzi）的設計：室內景觀
6 白南準（Nam June Paik）的時間拼接：錄影的裝置藝術　（創刊一周年紀念別卷）
7 蓋瑞（Frank Gehry）的建築：不折不扣的解構主義　（第六期）
8 克萊門特（Francesco Clemente）的自畫像：解體的深層自我　（第七期）
9 斯塔克（Philippe Starck）的家具：「去現代化」（demodernization）　（第八期）

這個連載跨了兩年。我認為，其間「後現代主義風景」具體詮釋了季刊《赫爾墨斯》的編輯方針。這個刊物正處於後現代主義的時代氛圍中，既表現又頑強超越後現代主義的真實寫照。磯崎新本人被喻為後現代主義旗手，但他之後開始了新一輪卷首插圖連載，主題是「建築政治學」。由此不難看出，他拋棄後現代主義和對新方向的探索。

這裡，不妨披露一個分明後現代主義式的插曲。第六期卷首插圖，提出蓋瑞的建築，同期又安排了磯崎與蓋瑞對談。對談地點選在磯崎設計、有日本後現代主義代表作之謂的「筑波中心」，我和K陪同蓋瑞夫婦、磯崎，驅車前往筑波市。途中，沿隅田川走在首都高速六號線時，蓋瑞探望著淺草的街屋說：「高高低低不規則的老城區天際線，美不勝收啊。」我嚇了一跳。參差不齊、晦暗擁擠的低矮房屋而已，我沒看出有什麼美。然而，後來我見識了蓋瑞做的波士頓再開發，才明白箇中含義。他在那裡巧妙地再現了淺草等老城區才有的親密空間。

大江健三郎的《M／T》及其他

以下，依刊登時序列出大江健三郎的小說：

2　河馬升天

3　四萬年前的蜀葵

4　聖克魯斯（Santa Cruz）的「廣島周間」

大江在第五期開始連載長篇小說。插圖由司修負責。這個連載出版單行本《M／T與森林中的奇異故事》，以及後來的連載《奎爾普的宇宙》、單行本《奎爾普軍團》，均由司修插圖並擔任裝幀設計。

5　M／T・終生的地圖符號：《M／T》序章
6　「破壞的人」：《M／T》第一章
7　OSIKOME、「復古運動」：《M／T》第二章
8　「自由時代」的終結：《M／T》第三章

大江也到第八期結束連載，從第三年開始以新形式發表小說。

大岡信的「組詩」

大岡信的〈「組詩」檜扇之夜，天的吸塵器逼來〉，帶著層出不窮的實驗和大膽嘗試，在每期上連載，至第十期結束。以下引用最後的〈卷之三八・四季之歌〉。

一　夏之歌

爬蟲類才是強韌生命的形態
雖倏然間不與直線同調
讚美他們　自大海來彌合大地

又返回波浪中的種族

二　秋之歌

夜　是一把巨大藍色椅子
沿著它的椅背
無眼無鼻的「混沌」的手指
將我們拈華

岸邊嘩啦嘩啦的腳步聲
昨天從天際琅琅傳來

三　冬之歌

蝸牛又
還原成卵

為了撫育
從未謀面的春天

四　春之歌

又一件　佛陀的話讓人愕然
黃色的外衣
下襬部分
正要變成大河

即使生類之死
從上游傾瀉
時間之河仍流向永劫
由超越人的言語洪流匯成

山口昌男的「知識的即興空間」

以下，依刊登順序列出第二期以後山口昌男的論稿：

2　做夢的時候：異文化接觸的精神史
3　水與世紀末文明
4　神話世界與《頑童流浪記》（*The Adventures of Huckleberry Finn*）（第六期）

5　四月最無情　「知識的即興空間」①（第七期）
6　觀寶塚：從齊格飛到峇里島　「知識的即興空間」②（第八期）
7　「大巧若拙」的力量：
皮羅斯馬尼（Niko Pirosmani）的歡宴世界　「知識的即興空間」③（第九期）
8　聲音與新都市文化　「知識的即興空間」④（第十期）
9　「笑的符號學」紀行　「知識的即興空間」⑤（第十三期）
10　挫折的昭和史：從榎本健一到甘粕正彥　「知識的即興空間」⑥（第十四期）
11　土地精靈與其眷屬：
圍繞吉田喜重的《呼嘯山莊》「知識的即興空間」⑦（第十五期）

中村雄二郎的〈形之奧德賽〉

最後，看中村雄二郎發表的論稿。

2　純粹形式與戲劇性知識：
維凱維茲（Stanislaw Ignacy Witkiewicz）＝二〇年代的文藝復興（第四期）
3　「南方型」知識的發掘：那不勒斯論序說（第五期）
4　全息照相與諧振　「形之奧德賽」①（第九期）
5　六大皆有聲：宇宙節奏與形態生成　「形之奧德賽」②（第十期）

6　形象的誘惑：形態學與怪物曲線　「形之奧德賽」③　（第十一期）
7　「形」的射程（與杉浦康平對談）「形之奧德賽」④　（第十二期）
8　顏色的領界：形的分身　「形之奧德賽」⑤　（第十三期）
9　迷宮與原型：渦形與螺旋的驚異　「形之奧德賽」⑥　（第十四期）
10　幾何學與混沌：形象的彼方／根底的存在　「形之奧德賽」⑦　（第十五期）
11　模糊與新科學認識論　（臨時增刊別卷，一九八八年七月）

從中可見其後問世的大作《形之奧德賽：表象、形態、節奏》（一九九一）的原型。

社會、風俗解讀

編輯群各顯神通已如前述，其他連載也列舉如下。首先是關於「Decoding Culture」。

2　井上廈／普爾弗斯（Roger Pulvers）
　世紀末的老外：關於日本人的異文化理解
3　中村雄二郎／矢川澄子／山中康裕
　孩子們看不見：教育是怎麼回事？
4　宇澤弘文／尼可（Clive Williams Nicol）
　體育全盛時代：健康對人意味著什麼？

5　別役實／宮本忠雄
犯罪萬花筒：恐怖主義的日常化
6　種村季弘／前田愛
現代食物考：尋求細節差異的單身文化
7　安野光雅／富岡多惠子
「霸凌」現象學：均質社會本身的病理
8　玉村豐男／宮田登
人為什麼要旅行？：從巡禮到溫泉熱
9　篠田正浩／所喬治（Tokoro George）
現代年輕人考：新人類頭腦開放嗎？
10　吉田RUI子／立松和平
中流意識的虛與實？：從寫真周刊雜誌到牛排屋
11　青木保／中澤新一
東方主義對於日本人的意義：從浪漫主義到天皇制
12　生井英孝／伊藤俊治／細川周平
八〇年代的時尚思考

（第十三期）

這個連載體現了本刊宗旨的特質之一，即創刊意圖所示的「從整體把握包括風俗層面的現代文化」。從連載中，可以大致窺知一九八四到八七年三年間日本的社會狀況。

連載的難度

以下是關於「對都市與拓撲斯的視點」。

2　川本三郎的〈作為理想國都市的陰暗：從孩子的視角〉

3　伊藤俊治的〈西洋鏡都市〉

4　青木保的〈艾莉（Nuwara Eliya）：沉澱在時間中的亞洲度假地〉

5　內藤昌的〈名勝的拓撲斯：歷史中都市的活性〉

6　池澤夏樹的〈亞特蘭蒂斯（Atlantis）無稽的地理：抑或城市的營造與生成〉

7　西和夫的〈修學院御幸記：風雅世界與其時代〉

8　杉本秀太郎／原章二（對談）的〈京都的文化看不清嗎？：自然、人、言語〉

連載至第八期結束。雖然並排放在一起看自有其趣味，但仍嫌缺少了向心要素。當然這是編輯部的責任，但也許受了幾乎同步發行的「旅行與拓撲斯精神史」系列叢書的干擾。該系列待後敘。

接下來是關於「女性主義的地平線」。

2　伊藤俊治的〈女人們的女性探尋：從事攝影的二十世紀女性〉

3　宮迫千鶴的〈都市型社會的女性主義：或別了「唯我獨尊」〉
4　玉野井芳郎的〈人類社會性別的發現：女人、還有男人的世界〉
足立真理子的〈自然領有與女性：勞動與記憶與講述〉
5　富山太佳夫的〈從女性主義到文學批評〉
6　藤本和子的〈我說，藍調就是平常的歌啊：女人們的話語探尋〉
7　阿奈井文彥的〈通向異界的回路：以野口體操為線索〉（第八期）

這個連載做了兩年。最後不太能發現特殊的作者，不無遺憾。

接下來是「戰後日本文化的神話與脫神話」，除創刊紀念別冊刊登的兩篇外，還有如下三篇：

3　高橋悠治／武滿徹
日本的現代音樂：過去、現在、未來（第二期）

4　磯崎新／宮內康
建築與國家（第三期）

5　宇佐美圭司／大岡信／武滿徹／松浦壽夫
何謂前衛：瀧口修造與戰後美術（第五期）

三冊別冊

另外，這裡該為三冊別冊刊登的企畫留下一筆了。

首先是創刊一周年紀念別冊（一九八六年一月）：

・井上廈／大江健三郎／筒井康隆
　小說的趣味：想像力與語言的力量
・伊藤俊治／植島啟司／川本三郎／佐藤良明／細川周平
　「研討會」在宇宙感覺中的超越
・鈴木忠志
　「訪談構成」何謂戲劇的戲劇性？

再看創刊兩周年紀念別冊（一九八七年二月）：

・磯崎新／大江健三郎／大岡信／武滿徹／中村雄二郎／山口昌男
　「編輯群研討會」構建把握世界的新模式：現代文化創造的條件
・伊藤俊治／松浦壽夫
　「對談」從巴黎看現代美術：以「前衛日本展」等為中心

- 網野善彥／中村雄二郎／松岡心平／橫山正／岡田幸三／勅使河原宏

  「座談會」從中世紀文藝看日本人的心：花鎮、婆娑羅、會所

  第一部　探尋日本文化的活力（網野、中村、松岡、橫山）

  第二部　能樂舞台與花（岡田、勅使河原、中村）

最後是臨時增刊別冊（一九八八年七月），刊登了下述研討會紀錄：

- 市川雅／白石KAZU子／中上健次／三浦雅士／山口昌男

  「研討會」舞踏的現在：侵犯性與洗練的彼岸

來自國外的嘉賓

從第四期開始連載「Guest From Abroad」。

1 策夫斯基（Frederic Rzewski）／武滿徹

現代社會中作曲家的作用　（第四期）

2 沙費（Raymond Murray Schafer）／山口昌男

音樂與上地精靈　（第五期）

3 菲爾德曼（M. Feldman）／近藤讓／武滿徹

「封閉」的音樂，開放的對話（創刊一周年紀念別冊）

4 馬林（Louis Marin）／中村雄二郎

帕斯卡・符號學・「日本效應」（第六期）

5 加德（Antonio Gades）／山口昌男

身體幾何學：佛朗明哥文化的自我認同（第七期）

6 白南準／磯崎新

破壞並創造：何謂錄影時代的藝術？（第八期）

7 安迪／井上廈

何謂故事？（第九期）

8 凱基（John Cage）／山口昌男

音樂、人生及朋友們（創刊兩周年紀念別冊）

8 班茲／磯崎新

後現代的設計有未來嗎？：義大利與日本的對話（第十期）

9 諾貝爾（Adrian Noble）／高橋康也

世紀末的莎士比亞（第十一期）

10 布梭帝（Sylvano Bussotti）／山口昌男

在音樂與戲劇的夾縫間（第十二期）

11 塞朗（Germano Celant）／磯崎新

現代是巴洛克式時代嗎？…「貧窮藝術」以後的美術與建築　（第十三期）

12 沃爾夫（Christian Wolff）／近藤讓
關於音樂的前衛性　（創刊三周年紀念別冊）

13 艾森曼（Peter Eisenman）／磯崎新
激進，即與中心的距離！…建築與現代思想　（第十四期）

14 羅素（George Russell）／武滿徹
透過音樂思考世界　（第十五期）

雜誌《赫爾墨斯》的編輯群之一的武滿徹。

如上所見，由於我的失誤，第八次重複了。當時的匆忙由此可見——儘管這只不過是託詞而已。

武滿徹的來信

這個連載有太多回憶。先說說第一次策夫斯基與武滿徹的對談。身為編輯群的武滿徹，當時忙得焦頭爛額，對不能時常出現在雜誌上深感遺憾。如前所述，即使如此，他仍在第二期與高橋悠治進行了正式對談。然而，看到其他編輯群轟轟烈烈，武滿徹對我再三表示「歉意」。因此，決定從第四期開始設「Guest From Abroad」時，率先推薦策夫斯基的，就是武滿徹。

對談在澀谷的一家餐廳舉行，關係親密的兩人開門見山，直指議論的核心。有強烈社會批評意識的策夫斯基，與認真對應的武滿，二人都抵抗現代社會的物欲橫流，強調精神生活的重要性。當這篇清新暢爽的對談校樣寄回來時，武滿徹附了這樣一封信。

文字經過嚴謹整理，讓我不知該如何言謝。經過梳理的對談，明暢可喜。實得益於策夫斯基的明晰思辨，和大塚先生的組織得力。

眼前，我在山上惡戰苦鬥。不厭其煩地與沒頭沒腦的交響樂廝磨。如標題 Dream/Window 喻示，用時下時髦的說法，即內部（夢）與外部（窗）的問題。寫起來不順手，深感煩難。望自珍重。對談如此成功，欣慰無似。

第三次是菲爾德曼、近藤讓、武滿徹三人的鼎談。一九二六年出生的菲爾德曼，與布朗（Earle Brown）以及後面提到的沃爾夫，都是「凱基小組」成員。他作的都是纖細並且漫長的曲子，與他偉岸的外形反差極大，訪日時讓日本聽眾又驚又喜。據說他在樂譜中寫滿了PPP、PPPP的最弱奏指示，這種音樂動輒個把小時，甚至持續六小時，即使對音樂再狂熱的聽眾，也難保中途不打瞌睡。事實上，某次音樂會上山口昌男就做夢中遊了。然而，這位作曲家的饒舌，相當了得，明明是對談，他幾乎獨攬了。

菲爾德曼於兩、三年後去世了。某音樂會中場休息，我出去大廳時，被武滿徹叫住了。「菲爾德曼走了。他臨死前還從病榻打電話給我，說『Toru, I love you』。」說到這，武滿語塞了。

世界浩瀚般狹小

最後，我提一下第十二次的沃爾夫。沃爾夫這次對談，也請了近藤讓。對談題為「關於音樂的前衛性」，為了這場對談，我去飯店接沃爾夫。沃爾夫在達特茅斯學院（Dartmouth College）執教音樂與古典學。據說教古典學是因為只靠音樂活不下去。

當他得知我在學術出版社工作時，提出了一連串問題。他非常瞭解出版界，我覺得事有蹊蹺，問他理由，他說：「家父是萬神殿圖書公司（Pantheon Books）的創始人之一。」萬神殿是美國數一數二的出版社，以出版優秀圖書聞名。這一下輪到我刨根問柢了。他告訴我：「萬神殿圖書的創始人有兩位，一位是家父沃爾夫（Kurt Wolff），另一位是希夫林（Jack Schiffrin）。他們從法國來到美國尋求政治庇護，合夥創辦了出版社。」

後來，我還見到了希夫林的兒子安德列・希夫林（André Schiffrin）。這段巧遇前面已經有過交代。安德列雖然曾在萬神殿工作，卻在不久前成立了「新出版社」（The New Press）。因出版對沖基金巨頭索羅斯（G. Soros）的書，以及道爾（John Dower）的《擁抱戰敗：二次世界之後的日本》（*Embracing Defeat: Japan in the Wake of World War II*）（岩波書店出版了日文版），名聲大振。在當今美國的出版界，應列入最有良知的出版社。九一一恐怖攻擊發生後，該出版社又於二〇〇二年不失時機地出版了岡薩雷斯（Juan Gonzáles）的《死灰：世貿中心大樓倒塌給環境帶來了什麼？》（*Fallout: The Environmental Consequences of the World Trade Center Collapse*）。我立即取得了翻譯權，由岩波書店出版日文版（尾崎元譯，二〇〇三），S擔任責編。

交談中話題轉到了沃爾夫身上，安德列說：「我們兩個從小玩在一起。因為雙方的父母親如家人。」我在不經意中知道了萬神殿圖書創立的經緯脈絡，與他們的第二代相識。再和前面提到的石黑HIDE的邂逅聯繫起來，感覺世界浩瀚般狹小。

二〇〇二年七月的一天，收到安德列寄自美國的包裹。裡面是他的著作《沒有理想的出版》（*The Business of Books: How the International Conglomerates Took Over Publishing and Changed the Way We Read*, Verso, 2000）的日文版（勝貴子譯，柏書房，二〇〇二）。

我看完目次後，馬上翻到〈謝辭〉，發現了出版這本書的法文版《沒有編輯的出版》（*l'Édition sans éditeurs*）的發布利克出版社（La fabrique éditions）哈贊（Eric Hazan）的名字。哈贊（因為是法國人，我們都叫他阿贊〔Azan〕），本來是哈贊社（Hazan）的社長，是一家以出版美術圖書為主的法國優秀出版社。

我們之間賓主往復，每次我去法蘭克福或他來日本，不知有多少次的歡聚。哈贊社的成員和岩波書店的編輯們興奮起來，英、日、法、義、德語雜然無礙的熱鬧場面，彷彿就在眼前。

遺憾的是正如安德列原著副標題所示，哈贊社被巨大資本鯨吞。然而不管怎麼說，我能夠與優秀的編輯、出版人希夫林、阿贊邂逅，並且一起對出版何去何從直率討論，作為一個編輯，畢竟堪稱至福。

主要論稿的供稿人

第二期以後，卷首或卷尾的主要論稿，除編輯群以外，有以下作者供稿：

2　中井久夫的〈神戶的光和影〉
3　前田愛的〈明治二十三年的桃花源：柳田國男與宮崎湖處子的「歸省」〉
4　多木浩二的〈視線的考古學：繪畫與攝影，或從結構到欲望〉
5　川崎壽彥的〈人工的理想風景：洞窟、廢墟、浪漫主義〉
6　秋山邦晴的〈右與左看東西（不戴眼鏡）的思想：或達達中的薩蒂與普魯托〉（第六期）
7　坂部惠的〈和辻哲郎與「垂直的歷史」〉（第七期）
8　赤瀨川原平的〈脫藝術的科學：抓住視線的視線〉（第八期）
9　多木浩二的〈法西斯主義與藝術：以基里訶（Giorgio de Chirico）為線索〉（第九期）
10　高橋裕子的〈畫家與模特兒：羅塞蒂（Dante Gabriel Rosseti）再考〉（第十期）
11　河合隼雄的〈片面人的悲劇：從民間故事看現代人的課題〉（第十一期）
12　多木浩二的〈法國革命的詩學〉（第十二期）
13　赤瀨川原平的〈藝術原論〉（第十四期）
14　吉田喜重的〈隨風飄舞的手絹，一張明星照：電影隨想錄〉（第十五期）

與實作家打交道

另外還有兩個不叫「連載」的連載。其一，是反映畫家等實作家的「現場聲音」的散文，用作者本人的作品做插圖。創刊號上刊登了赤瀨川原平的〈創造價值〉。第二期以後列於次：

2　中西夏之的〈遠處的畫布，眼前的畫：為了從作業到作業的接點＝瞬間〉
3　木村恆久的〈為了原宿民族的末世史觀：想像力的陶醉〉
4　司修的〈會說話的畫：混日子畫師的一天〉
5　原廣司的〈沖繩、首里的「村莊小學」〉
6　增田感的〈古靈樹：木與音雕刻音樂會〉
7　若林奮的〈林際：所有、氛圍、振盪〉

第九期開始以「表演現場」為題的連載：

8　黑田征太郎的〈創世記〉（第九期）
9　井田照一的〈一、二、三，雪、月、花……
——護美箱文化中的三累項音律〉（第十期）
10　岡崎乾二郎的〈向新柏拉圖主義傾斜⁉〉（第十一期）

11　武滿徹／近藤讓的〈MUSIC TODAY 一九八七〉（第十二期）
12　宇佐美圭司的〈外流人型：ghost plan 的展開〉（第十三期）
13　大森一樹的〈我的電影語法〉（第十四期）
14　荒川修作／市川浩／三浦雅士的〈尋求未知的句法：荒川修作的軌跡〉（第十五期）

這個連載需要與每位實作家接觸，充滿緊張感，別有樂趣。與心無旁騖、埋頭創作的作者打交道，對編輯來說也許是最刺激的機會。最重要的是必須從總體上理解他們的工作。所以往往一面之交，能成就以後三十年的交往。例如，中西夏之、木村恆久、若林奮、井田照一、岡崎乾二郎等人，即為其例。這樣建立起來的友情，尤可寶貴。

年輕作者的陣容

另一個不冠名的「連載」，是讓年輕建築師以建築為主題登場的嘗試。

1　三宅理一的〈共濟會再考：十八世紀法國的建築師們〉（第二期）
2　杉本俊多的〈希特勒的建築師：史皮爾（Albert Speer）・人與工作〉（第四期）
3　八束 HAJIME 的〈形態字母：建築的新柏拉圖主義〉（第六期）
4　小林克弘的〈裝飾藝術的摩天大樓：建築與象徵主義〉（第八期）
5　片木篤的〈憧憬之夢屋：探索郊區住宅的原意象〉（第十一期）

6　片木篤的〈憧憬之婚慶典禮：結婚的儀式與空間〉（第十五期）

這個連載也令人愉悅。特別是片木篤的論稿，使人眼界大開。

最後，除了上述提及的之外，自第二期後，三、四年中登場的年輕作者陣容如下：

田之倉稔、藤井貞和、牛島信明、松岡心平、青野聰、荒KONOMI、新宮一成、落合一泰、原章二、小松和彥、今福龍太、狩野博幸、土屋惠一郎、奧出直人、高橋達史、松浪克文、三浦雅士、鈴木國文

另外，已刊載譯文的主要國外作者陣容如下：

達頓（Robert Darnton）、葛蒂瑪、昆德拉（Milan Kundera）、艾可、厄普戴克（John Updike）、葛拉斯（Günter Grass）、侯伊（Irving Howe）、貝克特、雪佛（M. Shepherd）、里夫（Richard Receive）、馬喬巴（M. Matzoba）、亞敘頓（Dore Ashton）、霍勒爾（Walter Höllerer）、漢克（Peter Handke）、休斯克、德希達（Jacques Derrida）、修華特（Elaine Showalter）

2　精神支柱——林達夫

「知識的愉悅」

在結束本章之際，我必得提及第三、四期登出的林達夫／大江健三郎／山口昌男的「知識的愉悅：以林達夫為圓心」。正如〈發刊詞〉所見，本雜誌的精神支柱之一即林達夫。至於對談的內容，只能請讀者閱讀，此處僅引用第三期對談後附上的大江健三郎、山口昌男兩人的文章。因為此文章生動再現了林先生對年輕知識英雄的姿態，以及追隨他的人們的氛圍。

林達夫的「赫爾墨斯之輪」

大江健三郎

追隨林達夫先生，當年三四十歲的優秀學人圈子中——以山口昌男為首，以及開闢其後世界知識前線的許多人——我作為作家，唯一享此殊榮。十五年前，不，應該倒回二十年前了吧……我和山口昌男兩人，叨教林先生廣博無邊的言談，這種機會因不久一同編輯本雜誌的大塚信一牽線，接連持續數次。

（中略）

同林先生的對話中，智慧卻不經意的、如瞬間的火花般滑出的作家、詩人、思想家的名字，後來往往對我產生重大意義。毋寧說這是一種常態。例如，林先生贈我他的新版著作之際，在扉頁上寫下曼的話，而在與林先生的對話中，他告訴我那是摘自葉慈（W.B. Yeats）詩的一個題詞。幾年過後，葉慈成了對我非常重要的詩人，一開始從林先生口中聽到葉慈的名字時，我內心耍了個機靈——也許是葉茲（Frances A. Yates），而不是葉慈吧，我意識到這個念頭有多麼淺薄。

在雷恩（Kathleen Raine）的世界下，不間斷地閱讀布雷克（William Blake），又加上新柏拉圖主義，對於我來說，就像進入了另一種新視野，彷彿進到一座高深莫測的大森林，今後務必下苦工探向縱深，而每觀前方景色如初旭乍瞰。那都是因為在各種場合林先生的言詞熠熠生輝，做了楔入各重要地點的指標。

以林先生為核心，由幾個圈子形成的「赫爾墨斯之輪」，顯然與多數人聚合求拓展之輪有別，它具有非常封閉的緊密性，林先生走後也因其緊密而免於崩潰，今後也必將向世人展示累累碩果。（後略）

與林達夫的邂逅和離別

山口昌男

與林先生初次謀面，還是塙嘉彥健在那會兒。所以應該是一九六九年春天吧。林先生一直看的醫生，在中央公論社診所工作，所以他兩周一次必到該出版社去。記得那時我們都到公司大樓頂層餐廳的和室。正巧來訪的蘆原英了、志水速雄也一起參加，成了熱鬧的聚會。令人心驚的是，塙四年前、蘆原三年前、林去年、志水今年皆相繼辭世，只剩下我孤零零一人。時間的侵蝕作用誠可畏。

同一位林先生，如大江提及——以每日出版文化獎獲獎為「藉口」，成立了以林先生為中心的聚會，成員有西鄉信綱、丸谷才一、萩原延壽、清水徹、由良君美、高橋巖、大江健三郎、高階秀爾，以及編輯大塚信一等，一個也不少，旺盛地產出成果，想到此雖說是偶然的聚會，不由人嗟歎：人的離合聚散，被奇妙的命運之繩操控著啊。塙那一組，也許塙把他敬愛的人統統帶去另一個世界，說不定只有我是他不太喜歡的？至少大塚組目前人丁興旺。

我真正讀林先生的著作比較晚，大約在一九五六年前後。在舊書店偶遇戰前的《思想的命運》，由此一發不可收拾，當時能弄到手的都不放過。這樣的讀法，此前只有渡邊一夫和花田清輝。

（中略）

有時我和大塚一起去找林先生見面，既有我和大塚的時候，也有時和中村雄二郎或其他人一起在座的時候。中村不言而喻，是林先生長年執教的明治大學同僚，平時也有機會見面。而林先生和我，大概有我和淺田彰的年齡差距，所以他多半把我當成未知領域擒獲的珍獸了。一次他對我說：「你這個人動作敏捷，起初以為在某地，近看卻只留下一縷煙塵，人去無蹤。」

（中略）

本誌收錄的對話，是大塚憑藉包斯威爾（James Boswell）般執念，從錄音帶復原得來，最近深感享受這樣機鋒相對的對話的餘裕都沒了，再次覺得痛感。

遺憾的是林先生臥病晚年的六、七年，我和高橋巖、大塚一起去探病以後，始終沒有機會再見面。林先生有些固執，每次要去探望，均以「見山口君需要準備兩個月」為由，一推再推。在知識世界，林先生終未能抵達枯淡之境就入了鬼籍。聽說直到最後，他都被書山圍困，就為了與我等「年輕人」見面時儲備談資。

明治與昭和的對話

這兩個對談，和林、山口兩人加中村雄二郎的對談，以及林、山口兩人加古野清人的座談紀錄，集合為一冊，於一九八六年出版了單行本，即山口昌男編《林達夫座談集・以世界為舞台》。編輯當然是我。山口在〈編後記〉中寫道：

我完全無意以林達夫的接班人自居。我認為林達夫是林達夫，僅此而已。然而，撫育了林達夫的時代，也是撫育了榎本健一、村山知義、蘆原英了、秦豐吉、田河水泡的時代。如果讓我指出日本近代中最有趣的時代，我會毫不猶豫地舉出昭和這一位數時代[22]。正值日本知識最開放時代的一位知識領袖人物，戰後一直活到一九八〇年代，並像強手陪練一樣，和後來者悠悠然地保持著分享座談的機會，實屬奇觀。

這個座談，因完全偶然的機會留下了紀錄，這使我不能不有感於編輯這個奇妙人種不可思議的生存狀態，正是由此感發，我對本書出版開出了綠燈。可以說本書在某種意義上，是跳過大正、明治與昭和一代人的對話。

這本書出版後的一次《赫爾墨斯》編輯群會議上，大江健三郎給我帶來一張紙板，上面記載的內容如下：

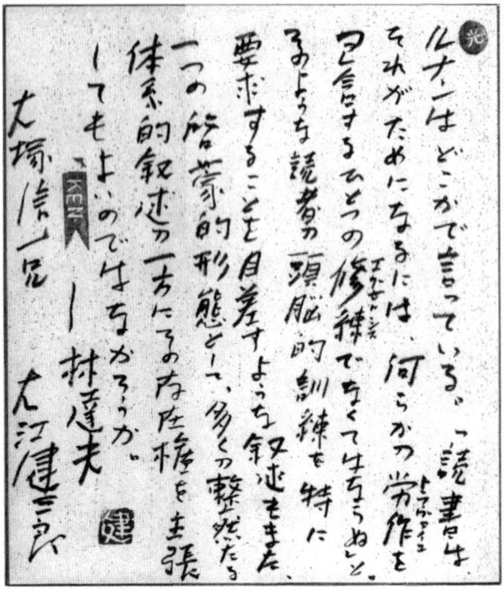
ルナンはどこかで言っている。「読書は
それがためになるには、何らかの労作を
包含するひとつの修練でなくてはならぬ」と。
そのような読者の頭脳的訓練を特に
要求することを目差すような叙述もまた、
一つの啓蒙的形態として、多くの整然たる
体系的叙述の一方にその存在権を主張
してもよいのではなかろうか。 ― 林達夫
大塚信一兄　大江健三郎

大塚信一兄

勒南（Joseph Ernest Renan）在某處說過：「讀書要成為有用的，必須是包含某種勞作的一種修鍊。」因此，致力於特別要求讀者大腦訓練的敘述，作為一種啟蒙的形態，也可以在眾多井然有序的系統敘述中，主張其生存權吧。

——林達夫

大江健三郎

這個紙板此後二十年，一直懸在我的書齋上。

第六章　享受知識冒險之旅

1　單行本與新系列

後面一章將回過頭來敘述季刊《赫爾墨斯》，這裡先看一九八四年以後四、五年的時期。首先是一九八四年，按單行本、現代選書及新推出的「叢書・旅行與拓撲斯精神史」順序敘述。

一九八四年，我企畫、編輯的單行本如下：

風見喜代三的《印歐語的親族名稱研究》

安迪、艾普勒等的《在橄欖樹森林的談話：幻想、文化、政治》（丘澤靜也譯）

廣川洋一的《伊索克拉底（Isocrates）的修辭學校：西歐教養的淵源》

坂崎乙郎的《埃貢・席勒（Egon Schiele）：兩重自畫像》

波蒂葉（Bernard Pottier）的《普通語言學：理論與說明》（*Linguistique générale: Théorie et descriptio*）

（三宅德嘉、南館英孝譯）

服部四郎的《音聲學（附錄音帶）》

武田清子編，加藤周一、木下順二、丸山真男的《日本文化的隱形》

一柳慧的《聆音：思索音樂的明天》

巴波科克（Barbara Allen Babcock）編的《顛倒的世界：藝術與社會中的象徵性逆轉》（*The Reversible World-Symbolic Inversion in Art and Society*）（岩崎宗治、井上兼行譯）

青木昌彥的《現代的企業：從遊戲理論看法律與經濟》

一代碩學二三事

風見喜代三的《印歐語的親族名稱研究》，是二十五開、四百三十六頁的正規學術著作。雖然我不敢妄加評說內容，但正如我寫我們的「知識冒險」之旅，我應該也可以說對本書的意義多少有所理解，這本書在很大程度上是從索緒爾或二十世紀初的雅各森等的工作起步。加上風間先生的人格魅力，編輯工作非常愉快。他的名著是新書《言語學的誕生：比較言語學小史》（一九七八），記得我和當時任該書責編的S，三人幾次歡晤騁懷。一九九三年又約了他撰紅版新書《探尋印歐語的故鄉》。

順便談談服部四郎的《音聲學（附錄音帶）》。這本書的講義，以一九五一年版岩波全書《音聲學》為基礎。服部先生對於出版後經過了三十年的著作，除參考文獻等若干補充外，不同意做任何修改。他的後輩教授不放心，聚首商議，推出時任某名校語言學系主任教授U作為代表，攜帶最起碼需要訂正的一百幾十處的清單，與服部先生商談。因為希望我這個責編也到場，我便在場奉陪。從結論上講，其結果沒有一處訂正。而且，錄音工作也很吃力。服部先生新做的假牙因咬合不好，無法發出他自己滿意的發音。但是，書終究還是設法出版了。

透過這個編輯作業，我著實領教了一代碩學的偉大和某種意義的悲慘。關於服部先生故事很多。但完全無法見諸文字，實在遺憾。

我與廣川洋一先生的交情，從「講座・哲學」向他約稿以來，已經有三十年了。一九八〇年拜託他寫單行本《柏拉圖學園阿卡第米亞（希臘文Akademeia）》，因此其續篇《伊索克拉底的修辭學校》便應運而生。而這本書的副標題「西歐教養的淵源」又衍生成就了一九九〇年落筆的新書《希臘人的教育：何謂教養》。我和單行本責編O曾一起去他家拜訪，他家能眺望筑波山，令人難忘。二〇〇〇年又約他成就大著《古代感情論：從柏拉圖到斯多葛學派》。

《埃貢・席勒》是由坂崎乙郎在《世界》雜誌的連載結集出版的作品。本書描寫了席勒其人和藝術，他是繼前述《世紀末的維也納》時代的特異畫家，在「世紀末維也納熱」中受到了讀者的追捧。

《日本文化的隱形》以「思考日本文化的原型」為基礎，這是國際基督教大學亞洲文化研究所主辦的系列講演會。擔任編輯的T即該大學出身。

現代音樂的樂趣

一柳慧的《聆音》給人留下很多回憶。一柳先生在〈後記〉中提到我：「（大塚）為了讓我優先本業的音樂（因為近年我的作曲、演奏、策畫活動太集中），其間以極大的耐心，一場都不間斷地來聽那些音樂會，將我寫的東西和音樂的關係，以他自己信服的方式來瞭解，繼續編輯工作。」一柳先生在《朝日新聞》晚刊專欄，以「編輯」為題發表了內容相仿的文章。

這對於我來說，可謂辱承獎譽，說老實話，我是太迷他的音樂了。所以只要時間允許，他的音樂會我幾乎都必到。現代音樂中，反覆演奏相同曲子的事情並不多見。但是一柳先生的「帕格尼尼」（Paganini）等，我卻聽了不知多少遍。他在這個時期的大量作品，皆以笙、龍笛、箏等和（應該是東洋）樂器配合來創作，還有「往還樂」、「迴然樂」等雅樂作品，怎不讓人狂喜？因這層關係，我與笙演奏者宮田MAYUMI等也熟悉了。後來還請宮田女士為市川浩先生的告別儀式演奏。

雖然本書編輯作業是愉快的，但辛苦也在所難免。一柳先生太忙，幾乎無暇撰稿。所以我蒐集了他以前發表的文章，但還是湊不夠。無奈之下，只好嘗試由我來提問的訪談編輯形式。作曲家間宮芳生洞察這些背後的苦心，在書評中對本書的意義給予了高度評價。我也因此結識了間宮先生，後來向他約稿新書《現代音樂的冒險》（一九九〇）。與一柳夫人也熱絡了起來，但其後夫人英年早逝，令人惻然。

巴波科克編的《顛倒的世界》，收錄了昆澤（David Kunzle）、巴波科克、戴維斯、皮科克（James L. Peacock）、梅耶霍夫（Barbara G. Meierhof）、傑克遜（Bruce Jackson）、特納（Victor Turner）的論文。原書還包括另外幾位作者的論稿，經編者同意，我根據日本讀者的需求重新編輯。書中剖析了種種象徵性逆轉的案例，耐人尋味。分為「意象逆轉」和「行為逆轉」，分別由文化史家、歷史家，以及文化人類學者操刀。盡量採用大量圖版。由與本書各位作者相識的山口昌男解說。

青木昌彥的《現代的企業》與後述青木保的《禮儀的象徵性》，這年雙雙獲得三得利學藝獎。

痛切的後記

這一年刊行的現代選書，有以下五種：

米德（Margaret Mead）的《來自田野考察現場的信》（*Letters from the Field*，畑中幸子譯）

費爾曼（Ferdinand Fellmann）的《現象學與表現主義》（*Phänomenologie und Expressionismus*，木田元譯）

伯克維奇的《野兔子》（邦高忠二譯）

青木保的《禮儀的象徵性》

多木浩二的《「物」的詩學：從路易十四到希特勒》

普利托（Luis J. Prieto）的《實踐的符號學》（*Pertinence et pratique: Essai de sémiologie*，丸山圭三郎、加賀野井秀一譯）

首先，關於費爾曼的《現象學與表現主義》，書中描寫了霍夫曼斯塔爾、穆齊爾（Robert Musil）等與胡塞爾的關係，引人入勝。本書堪稱十九世紀末至二十世紀初的德國精神史，也許恰是對《世紀末的維也納》的補充論述。以下引述〈譯者後記〉一段稍長的文字。因為木田的痛切心情，我亦感同身受。

> 最後，請允許我談一點個人的感傷。前不久，也就是今年五月二十四日，我痛失摯友生松敬三。毫無疑問，他是學貫東西、當代頂尖的思想史家，是他對我這個歷史盲，曉諭思想史的思維方法。我們在同一所大學共事，常常聚首，關係親密，也同樣鑽研哲學，然而生松是思想史，我是現象學，當初立場互不相同，看問題的方法也截然不同。但四分之一世紀過去，

密切的接觸切磋，似乎使雙方的關切也逐漸收斂，最近生松開始關注過去不屑的海德格，甚至翻譯了史坦納的《海德格》（岩波現代選書），我也學會從思想史角度重新審視現象學。生松在最後時期，尤其關注十九世紀末到一九二〇、三〇年代，那正是我研究的現象學發展的時期，兩人談起來特別投機。我讀了這本書，也是最先跟生松說的。去年春天，大概是去哪裡旅行的車上，我提到此書是說霍夫曼斯塔爾、穆齊爾等與胡塞爾的對話，我告訴他：「令人意外的故事層出不窮，好看極了！」而生松也表現出強烈興趣，說：「這應該也在意料之中吧！」他對文學上的表現主義，給了我不少啟示。就是在那次談話中，他談到了不僅世紀末到本世紀初的藝術，甚至包括哲學思想的展開，也可以從「印象主義到表現主義」的模式思索。他對本書翻譯的完成翹首以盼，卻還是沒能趕上。當我再次看校樣時，越發感覺這正是兩人共同關注的主題，一想到要是跟生松談論這個話題，肯定幾天幾夜也談不完，甚至可以深化這個主題吧，就有痛切之憾。謹將此拙譯本獻於畏友生松敬三靈前。

怎麼看暢銷、滯銷？

再看伯克維奇的《野兔子》。這部小說出自一位生於紐約、名不見經傳的腳本作家之手。在緊鄰納粹集中營旁的森林，兩個少年看到了什麼？是用對比的手法將美麗的自然與人類的野蠻，伴隨著少年的成長描繪出來的佳作。也許是題目吸引人，這本書很受讀者歡迎。《周刊花花公子》的書評極口稱讚，至今仍記憶猶新。

青木保的《禮儀的象徵性》，是他的博學多識與犀利的分析力使然的力作。近二十年前，講座

「哲學」月報上發表了他的草包族論述以來，他的思想得到深化，洞察力更加敏銳。遺憾的是，除了獲得三得利獎以外，書評方面並沒有得到應有的關注。

多木浩二的《「物」的詩學》的際遇也大同小異。依我看，本書是反映思想家多木最優秀一面的著作，卻連個像樣的書評也沒有。我認為在他的著作群中，這是堪與岩波新書《天皇的肖像》（一九八八）媲美的名著，所以對讀者的反應遲鈍耿耿於懷。憑經驗，青木、多木兩位先生的書理應深受歡迎，記得我為此很傷腦筋。也想到是否「現代選書」的平台本身失效了呢？但正如前述，《野兔子》卻歪打正著，作家無名，銷量甚好。這種差別的原因是什麼呢？至今我仍未找到滿意的答案。

然而，轉念一想出版的有趣也許正在於此……好在今天《禮儀的象徵性》與《「物」的詩學》都收入了「岩波現代文庫」。

《禮儀的象徵性》作者青木保。

「叢書・旅行與拓撲斯精神史」

同年十一月推出新系列「叢書・旅行與拓撲斯精神史」。頭一炮我們便同時出版了以下三本書：

山口昌男的《祝祭都市：象徵人類學的方法》

吉田喜重的《墨西哥：令人愉悅的隱喻》

田村明的《何謂都市的個性：都市美與城市設計》

翌年一九八五年出版了：

宮田登的《妖怪的民俗學：日本的不可視空間》
可兒弘明的《新加坡：海峽都市的風景》
渡邊守章的《巴黎感覺：城市閱讀》
大室幹雄的《西湖指南：中國庭園論序說》

一九八六年出版了：

土肥美夫的《陶特（Bruno Taut）藝術之旅：通往阿爾卑斯建築之路》

這個系列如一開始山口昌男的副標題所示，以象徵人類學或符號學的方法為基調。但是，田村明、可兒弘明、土肥美夫幾位，都用了各自的方法論敘述。

後來，山口在東京外國語大學，以「象徵與世界觀」為題主持的聯合研究中，宮田登、大室幹雄，以及前述青木保等人也參加。最近（二〇〇六年四月），「東亞出版人會議」在中國杭州西湖畔的飯店召開之際，韓國著名出版人金彥鎬說：「以前我讀過《西湖指南》。」我聽了開心極了。

另外，也是最近（二〇〇六年五月），渡邊守章的《巴黎感覺》收入岩波現代文庫。渡邊在〈岩波現代文庫版後記〉中是這樣開頭的：

想請您為「旅行與拓撲斯精神史」系列寫一本書——寫哪個城市？——比如說阿姆斯特丹？——我以前寫過哈爾斯（Frans Hals），一般來說，我對十七世紀荷蘭繪畫也很關注，但是要認真地寫阿姆斯特丹這個城市，經驗和見識都嫌不足，巴黎是由誰來寫呢？——這還沒確定哪。——讓我來寫巴黎吧，等等。

當時岩波書店開了一個「文化的現在」的讀書會，召集人、也是後來的社長大塚信一，與我的這番對話，時間大約是在一九八二年吧。那以前，我在當時高田宏任主編的另類公關刊物《能源對話》終刊上，以「法國」為題，前半與山口昌男、後半與蓮實重彥對談，由大塚策畫，岩波出版單行本《法國》，是在一九八三年。

渡邊研究克洛岱爾（Paul Claudel）的名聲很大，他終於為岩波文庫翻譯了《緞鞋》（各五百頁以上，分為上、下冊）。那是二〇〇五年的事。附詳細注解的這本文庫本問世，無疑是「壯舉」。

《美好年代》、《日本人的疾病觀》等

一九八五年五月「新岩波講座・哲學」啟動了。進入這個講座之前，先看一下同年出版的單行本與現代選書。先看單行本：

利奇（Edmund Leach）的《社會人類學指南》（*Social Anthropology*，長島信弘譯）

大江健三郎的《人生的定義：重歸於狀況》

前田陽一的《帕斯卡〈思想錄〉注解・第二》

哈斯（Willy Haas）的《美好年代》（*Die Belle Epoque*，菊盛英夫譯）

大貫惠美子的《日本人的疾病觀：象徵人類學的考察》

詹姆斯列夫（Louis Hjelmslev）的《語言理論導引》（*Omkring sprogteoriens grundlæggelse*，竹內孝次譯）

安迪的《鏡中之鏡：迷宮》（丘澤靜也譯）

巴勒克拉夫（Geoffrey Barraclough）的《歷史學的現在》（*Main Trends in History*，松村赳、金七紀男譯）

魏茨曼（Martin L. Weitzman）的《分享經濟：克服滯漲》（*The Share Economy: Conquering Stagflation*，林敏彥譯）

伊格頓的《文學理論導讀》（*Literary Theory, An Introduction*，大橋洋一譯）

馬魯（Henri-Irenee Marrou）的《古代教育文化史》（*Histoire de l'Éducation dans l'Antiquité*，橫尾壯英、飯尾都人、岩村清太譯）

普拉斯（David W. Plath）的《日本人的生活態度》（*Long Engagements: Maturity in Modern Japan*，井上俊、杉野目康子譯）

菊盛英夫的《不為人知的巴黎：走到歷史幕後》

鹽川徹也的《帕斯卡：奇蹟與象徵》

休斯的《符號學的樂趣：文學、電影、女人》（富山太佳夫譯）

以下為現代選書：

卡勒的《論解構：結構主義之後的理論與批評Ⅰ、Ⅱ》（*On Deconstruction: Theory and Criticism after Structuralism*，富山太佳夫、折島正司譯）

古鐵雷斯（Gustavo Gutierrez）的《解放神學》（*Teología de la Liberación*，關望、山田經三譯）

哈斯的《美好年代》與《世紀末的維也納》同為「菊判」，收入大量照片、圖版。以同樣目的出版的還有盧瑟史密斯（Edward Lucie-Smith）的《一九三〇年代的美術：不安的時代》（*Art of the 1930s: The Age of Anxiety*，多木浩二、持田季未子譯，一九八七）。雖然都是闡發時代與文化關係的名著，但都不及《世紀末的維也納》成功。本書與其後出版的《不為人知的巴黎》均由S擔任責編。

山口昌男告訴我有關大貫惠美子的訊息。當我聽說：「有人在美國工作得很出色」，我立即趕往神戶位於阪急電車沿線高台的高級住宅區，拜訪正在國內的大貫。

據她說，她在美國的大學自修了文化人類學，經過對「愛斯基摩」的田野調查，現在對象徵人類學感興趣。聽說她關注日本的醫療制度，以及在這種制度下日本人的疾病觀，我建議她就此題目著書立說。付梓的《日本人的疾病觀》，堪稱象徵人類學的範本，興味盎然，我在讀原稿過程中，眼前幾度豁然開朗。

以後，我向她約稿《稻米人類學：日本人的自我認識》（一九九五），二〇〇三年我退休前夕，出版了她的大作《被扭曲的櫻花：美意識與軍國主義》。身為有西方教養、充滿理想有文化的青年學生，為什麼成了神風特攻隊員，趕赴死地呢？本書悉心揣摩特攻隊員留下的龐大紀錄，對遺屬進行了大量訪談，從歷史面向探討了櫻花在日本文化中的意義。我相信這是日本人創造象徵人類學的最高成就。

大貫後來又出版了堪稱是《被扭曲的櫻花》姐妹篇的《學生兵的精神誌：「強加的死」與「生」的拷問》（二〇〇六）。在本書卷首的〈謝辭〉中，大貫起筆寫道：

二〇〇三年我在岩波書店出版了《被扭曲的櫻花：美意識與軍國主義》後，無論讀者的反應還是書評，大家對學生日記一章反響尤為強烈。我因此針對這種情況，考慮在本書中以日記為中心細緻爬梳，深入介紹他們——那些從小被要求「為國捐軀」，度過被「強加了死」的少年、青年時代，二十歲剛出頭，便在註定失敗的戰爭中被「戕殺」的苦悶和心靈拷問。介紹日記用了這樣長時間，大大超出我的預期。第一個理由是，本書涉及的學生兵學養水準之高，使我必須以超出前書的不自量力，為盡量理解他們的想法而殫精竭慮。

她又在本書的扉頁背面題辭：

我希望透過解析本書中青年未圓之夢、他們的糾結、大慟，向讀者傳達殺戮了這些青年的戰爭的恐怖和無謂，為反戰與世界和平盡綿薄之力。

訪安迪的舊宅

安迪的《鏡中之鏡》，在季刊《赫爾墨斯》上也曾部分登出。這本書徹底推翻了在人們眼中兒童作家安迪的評價。他成了具有惡魔般一面的作家，和對現代文明持根本性批判眼光的思想家。同時，這本書被認為是在安迪具有兒童作家的這層意義上，讓我們重新認識圖書可能由更多元的要素所構成。

記得是二〇〇〇年，我與安迪夫婦和兩個好友，一起到羅馬近郊真札諾的安迪舊宅訪問。位於高台上的宅邸本身，就建在羅馬時代乃至更遠的遺跡之上。我遠眺海的方向，太古以來歷史層積疊壘的景致，橫亙眼前。這時我切實感到，安迪的思想對卡巴拉（Qabbalah）[23]等秘教（Esoteric）思想也有深層關懷，無論在歷史還是思想層面上，都達到了高深的境界。安迪舊宅的鄰居，是以研究形式主義（Mannerism）聞名的霍克。現在身為編輯的霍克之子繼承了父業，而安迪與霍克關係密切，對理解安迪作品不正是一種暗示嗎？

《文學理論導讀》的驚人產物

伊格頓的《文學理論導讀》原題為*Literary Theory, An Introduction*，一九八三年出版。這本書介紹了當時具有代表性的批評理論。諸如，英語文學批評的誕生、現象學、詮釋學、容納理論、結構主義與符號學、後結構主義、精神分析批評、政治性批評。自《文藝批評與意識形態》以降，本書、《克拉麗莎的強暴》（*The Rape of Clarissa*，一九八七）相繼付梓，一九九七年又出版《文學理論導讀》新版。均為資深編輯H經手實現的。

本書甫出，我在東京恰巧有機會見到筒井康隆。跟他約稿刊載在季刊《赫爾墨斯》的連載小說。和他分別時，我說：「請在新幹線上翻翻吧。」便把這本書交給他了。幾天以後，筒井打來電話說：「伊格頓的書，我到新神戶之前就差不多讀完了。就以那本書為題材來給《赫爾墨斯》寫連載吧」。結果，《文學部唯野教授》閃亮登場。我清楚地記得，自己對作家的偉大想像力心悅誠服——居然從伊格頓不算輕鬆的批評理論著作中，信手拈來那個令人解頤的《文學部唯野教授》！

不易通過的企畫

馬魯的《古代教育文化史》是一九四八年版本的全文翻譯。此書日文版與傑格（Werner Jaeger）的《潘狄亞．希臘文化的理想》（*Paideia: die Formung des griechischen Menschen*）齊名，由廣島大學研究人員集體完成。他們多次舉行研究會、譯稿研討會，我曾參加在江田島過夜的討論會，令人難忘。我認為本書與前述廣川洋一的著作同樣，是自希臘、羅馬直至中世紀初，基於西歐文化根源的人道主義追溯教育史的最重要著作之一。

老實說，要通過二十五開五百多頁的這個企畫，絕非易事。時值預感泡沫經濟破滅臨頭的時期。幾次編輯會議上這個企畫都被保留。於是我制定戰術來智取，既然著作本身的評價不成問題，就把重點轉到作者的滿腔熱情上。我強調本書序言中所說：「我的這本書，是在第二次世界大戰的黑暗日子裡，覺得需要點燃年輕人心中自由的火焰，勇敢面對極權主義的野蠻行徑、假威信時所寫的」。我凸顯身為抗德運動鬥士馬魯的情懷，把它定位在與納粹鬥爭、宣揚西歐人道主義上。奇怪的是，我站在這樣的視角再讀本書，目次都活了，撲面而來。我滿懷信心，再次上報企畫，並獲通過。

鹽川徹也的《帕斯卡：奇蹟與象徵》，是他向巴黎索邦大學提交的博士論文，由Edition A. G. Nizet在一九七八年出版的*Pascal et les miracles*的日文版。我是從前田陽一處得到這篇法語論文的消息，已經不記得第一次在哪裡跟鹽川見面了。好像是在巴黎，也好像是在東京的一家咖啡店。不過，談話內容記憶鮮明。話題涉及馬林、符號學方面的出版物，鹽川耐心地指教了有關最新學術動向。本書是以奇蹟問題為中心、貨真價實的帕斯卡研究。由《索緒爾的思想》的責編O擔任編輯。另外，O也是《圍繞語言理論的確立》和《日本人的生活方式》的責編。

最後，是現代選書。卡勒的《論解構》，是在人人「解構」的風潮下，對解構的恰切介紹和解說。古鐵雷斯的《解放神學》前面已經提及，不再贅述。

2 「新講座・哲學」與單行本

展開打破學派的討論

花了充足的時間來做「新岩波講座・哲學」的編輯工作。「講座・哲學」是自一九六七年刊行，這是時隔十八年出版的哲學講座。關於上一次講座的編輯，也許是因為我半途參加，感覺學院派、馬克思主義、分析哲學等學派，只是各說各的，欠缺哲學理應有的、打破學派的徹底交鋒。在這樣的反思基礎上，我想這次在企畫階段，就應該展開徹底的議論。所幸，拜託的編委們彼此熟悉，也都是為岩波撰書不下幾本作品的作者。編委陣容列於次。前排四人相對後排儘管不到一代人的距離，但年齡稍長。

大森莊藏　瀧浦靜雄　中村雄二郎　藤澤令夫
市川浩　加藤尚武　木田元　坂部惠　坂本賢三　竹市明弘　村上陽一郎

前後三年間，我召集了十一位編委開了三十餘次的編委會。因為編委都有教職，調整日程很費勁。編委會必然每每擠占周日時間。而且議論務求徹底，一次會開上六、七個小時也不稀奇。所以這三年，我和後輩N幾乎沒休過周末。後來加入女編輯S，編輯部便由我們三人組成。

現今哲學為何？

先綜觀全部十六卷的結構：

1　現今哲學為何？
2　經驗・語言・認識
3　符號・理論・隱喻
4　世界與意義
5　自然與宇宙
6　物質・生命・人
7　拓撲斯・空間・時間

8　技術・魔術・科學
9　身體・感覺・精神
10　行為・他我・自由
11　社會與歷史
12　文化的活力
13　超越與創造
14　哲學的原型與發展：哲學的歷史1
15　哲學的展開：哲學的歷史2
16　各種哲學性問題的現在：哲學的歷史3

由此不難理解，與先前的哲學講座內容迥然有別吧。從第一卷起，一般標題應該是「什麼是哲學」或「哲學的意義」。本講座卻是「現今哲學為何」。這正明確地表明編委們準備真摯地回答問題的姿態，詢問二十一世紀即將來臨之際，賦予哲學的課題為何？今天哲學能做什麼？等的問題。事實上，全體編委都在第一卷上傾注全力，各自面對自己定的題目。以下介紹第一卷目次：

I　知識的通底與活性化：來自哲學的新地平線　中村雄二郎
II　哲學的基本課題與現實課題　藤澤令夫
III　哲學的主張　竹市明弘

IV　過去的製作　大森莊藏
V　哲學與語言　瀧浦靜雄
VI　哲學的言語與自我關聯性　加藤尚武
VII　哲學與反哲學　木田元
VIII　言語行為與沉默：通向創作論的一個視角　坂部惠
IX　基於斷章・身體的世界形成　市川浩
X　圍繞死的第二斷章　村上陽一郎
XI　在現代日本「哲學化」的意思　坂本賢三

我想已經傳達出各編委的心氣高昂。三十幾次編委會議自然產生了結果，使編委之間共有問題，同時針對各哲學性課題，每人分別拿出答案。

符號與理論的擴展

以下提出幾卷有特色的作品。先看第三卷《符號・理論・隱喻》的目次：

I　符號、理論、隱喻：縱橫阡陌式考察的嘗試　中村雄二郎
II　符號與意思　伊藤邦武
III　符號與資訊　土屋俊

IV 數位與理論：無限的悖論　佐藤徹郎
V 事實與理論　內井惣七
VI 日常言語的理論結構　八木澤敬
VII 隱喻的結構與理論　瀧浦靜雄
VIII 虛構與真實　佐佐木健一
IX 文本、文體、意思　佐藤信夫
X 象徵與解釋　久米博
XI 論證與說服　淺野楢英
XII 說明、記述、理解　村上陽一郎

我覺得可以感覺到第一線的專家學者在各個主題上下的工夫。很明顯，符號、理論等概念，包括隱喻、象徵問題在內，已經具備了前所未有的深度和廣度。

新宇宙觀

接著看第五卷《自然與宇宙》的目次。

I 宇宙觀的再興　坂本賢三
II 何謂「自然」

1　自然與人為　武宮諦
2　自然與歷史　磯江景孜
3　自然與超自然物：關於我的有生　松永雄二

III　自然哲學與宇宙觀的展開
1　希臘的自然哲學與宇宙觀　種山恭子
2　文藝復興的自然哲學與宇宙觀　清水純一
3　近世的自然哲學與宇宙觀　小林道夫

IV　現代的自然哲學
1　現代宇宙論　杉山聖一郎
2　自然哲學的現代視點　中埜肇

V　非西歐世界的自然觀
1　自然的偉大鏈鎖——東方的靈知（gnosis）大觀　五十嵐一
2　印度的自然觀　服部正明
3　中國的自然觀　福永光司
4　日本人的自然觀　源了圓

這一卷結合與宇宙的關係論述了自然。我覺得非常能夠理解，在現代宇宙論飛躍發展的背景下，正在呼喚新的宇宙觀。

科學與魔術

最後我還想介紹一卷：第八卷《技術・魔術・科學》。以下是該卷結構：

I　人與技術
1　技術的發生與發展　坂本賢三
2　技術概念的成立　森俊洋
II　咒術、魔術的傳統
1　柏拉圖的魔法　大沼忠弘
2　赫爾墨斯思想的源流：《阿斯克勒庇俄斯》（*Asklēpiós*）的自然哲學及其周邊　柴田有
III　科學的成立
1　科學與非科學　村上陽一郎
2　科學史的編纂學　大谷隆昶
IV　歐洲近代與科學、技術
1　科學革命論：十七世紀學問理念的形成和容納　佐佐木力
2　科學的自立與制度化　吉田忠
3　科學的社會性層面　伊東俊太郎

Ⅴ　現代的科學、技術

1　兩個相對性理論——二十世紀科學思想的一個側面　田中裕

2　現代技術與人　中岡哲郎

3　非歐洲世界與科學、技術　矢野道雄

Ⅵ　生活世界與科學　新田義弘

這一卷要求在論述科學、技術之際，必須兼顧咒術、魔術的傳統。也正面提問了科學與非科學的關係。也就是說在這個講座中，重新研判了原來不言自明的所有概念，以期賦予符合現代的定義。或者也可以說，編委與許多撰稿人為了在科學、技術令人驚異的發展中，尋求新的宇宙觀與價值，使出了渾身解數。

抓住企畫的先機

因為經手了這個講座的編輯工作，讓我抓住了其後展開各種企畫的先機。以講座企畫而言，有「轉型期的人」（共十卷、別卷一卷，一九八九至九〇）；「宗教與科學」（共十卷、別卷兩卷，一九九五至九六）。以系列叢書而言，包括這個講座的副產品「現代哲學的冒險」（共十五冊，一九九〇至九一）、「二十一世紀問題群BOOKS」（共二十四冊，一九九五至九六），以及「叢書・現代的宗教」（共十六冊，一九九六至九八）等。

這個講座於一九八五年五月啟動，翌年八月結束。雖然冊數上僅相當於十八年前講座的百分之十五，但每冊平均仍上了一萬冊大關。從這個時期起，「出版蕭條」的說法開始不絕於耳，但是編委和我們盡心竭力打造的這個講座，仍有尚佳的表現。

《宗教與科學的接點》及其他

一九八六年，除了繼續出版哲學講座以外，還出了以下單行本：

《赫爾墨斯》編輯部編的《解讀世紀末文化》

斯坦納德（David E. Stannard）的《退縮的歷史：論佛洛伊德及心理史學的破產》（*Shrinking History: On Freud and the Failure of Psychohistory*，南博譯）

雅各森、沃（Linda R. Waugh）的《語言音形論》（*The Sound Shape of Language*，松本克己譯）

宇澤弘文的《近代經濟學的轉軌》

市倉宏祐的《現代法國思想導讀：伊底帕斯王（Oedipus Tyrannus）之彼岸》

山口昌男編的《林達夫座談集：以世界為舞台》

河合隼雄的《宗教與科學的接點》

安迪的《遺產繼承遊戲：五幕悲喜劇》（丘澤靜也譯）

馬林的《繪畫符號學：書法、繪畫》（*Études sémiologiques: Ecritures, peintures*，篠田浩一郎、山崎庸一郎譯）

耶西爾德（Per Christian Jersild）的《洪水之後》（*After Floden*，山下泰文譯）

坂本百大的《心靈與身體：通向原一元論的構圖》

菲茨西蒙斯（Thomas Fitzsimmons）的《日本：相對鏡的禮物》（*Japan, Personally*，大岡信、大岡玲譯）

山口昌男的《文化人類學的視角》

大江健三郎的《M／T與森林中的奇異故事》

斯潘雅爾德（Barry Spanjaard）的《看到地獄的少年：一個美國人在納粹集中營的經歷》（*Don't Fence Me In! An American Teenager in Holocaust*，大浦曉生、白石亞彌子譯）

此外，刊行了兩冊現代選書：

古迪（Jack Goody）的《野性心靈的馴服》（*The Domestication of The Savage Mind*，吉田禎吾譯）

鮑爾斯、金迪斯（Samuel Bowles & Herbert Gintis）的《美國資本主義與學校教育：教育改革與經濟制度的矛盾I》（*Schooling in Capitalist America: Educational Reform and the Contradictions of Economic Life*，宇澤弘文譯）

這個時期，我又多了個編輯部副部長頭銜，實際上忙得不可開交。所以，即使這裡舉出的書目，也多是靠T君、O君以及新來的S君幫忙。但我自己編輯的也超過十冊，僅就印象深的書目略記一二。

首先是關於《語言音形論》。這是有關語言學系列專著之一。恐怕是雅各森最後的著述，是他與年輕的女弟子沃所合著的。記得我曾與這位在雅各森眼裡跟孫女差不多、且非常美貌的沃見面，談起雅各森的事。

河合隼雄的《宗教與科學的接點》，先在《世界》雜誌連載後出版了單行本。本書不是生硬地割裂開宗教和科學，而是與人的生存方式扣連出具體論述，有理有據，因此非常受讀者歡迎。也可以說，這本書是幾年後刊行「講座・宗教與科學」的預告篇。

菲茨西蒙斯是美國詩人、大學教授，和夫人住在日本。他和大岡信是摯交，兩個人還一起創作連詩。我與大岡夫婦、菲茨西蒙斯夫婦一起聚餐過幾次，每次都度過了美好的時光。

現代選書中的鮑爾斯和金迪斯的《美國資本主義與學校教育》，寓意深刻。他們無法滿足現成的經濟學，獨闢蹊徑自己獨創的經濟學，也是宇澤弘文的好友。本書從與美國資本主義發展聯繫的關聯中，考察教育本來的做法，這個思想構成其後宇澤為岩波新書撰《思考日本的教育》（一九九八）的基調。老實說，這本新書本來是向熟悉鮑爾斯和金迪斯的已故石川經夫約稿的。失去一位優秀後輩的宇澤，為了補缺，親自披掛上陣。他在新書〈序〉中寫道：

本書原計畫由畏友石川經夫執筆，因為不得已的原因由我代替。石川是代表日本的經濟學者之一，他超越了既有新古典派經濟學，從社會正義、公正、平等的觀點，引領了經濟學的新發展。對於石川來說，教育經濟學在經濟學的新發展過程中，起到了最核心的作用。石川曾在哈佛大學師從亞羅教授，與鮑爾斯也很熟，在奠定了本書主旋律的鮑爾斯和金迪斯的「對應原理」形成上，做出重要貢獻。鮑爾斯和金迪斯的「對應原理」，對教育理論帶來革命性影響的觀點，在考察二十一世紀學校教育制度的指標上，將起到核心作用。

一九九一年石川經夫曾為岩波撰寫名著《收入與財富》。另外我也向石川夫人幹子約稿，後成大作《都市與綠地：面向新城市環境的創造》（二〇〇一）。

《奧村土牛》、《空間「從功能到面貌」》等

一九八七年刊行的單行本如下：

近藤啟太郎的《奧村土牛》
原廣司的《空間「從功能到面貌」》
米勒編的《雅克・拉岡：精神病上、下》（*Jacques Lacan: Les psychoses*，小出浩之、鈴木國文、川津芳照、笠原嘉譯）
艾可、伊凡諾夫（V. V. Ivanov）和雷克特（Monica Rector）的《狂歡化！》（*Carnival!*，池上嘉彥、唐須教光譯）
傑（Martin Jay）的《阿多諾》（*Adorno*，木田元、村岡晉一譯）
盧瑟史密斯的《一九三〇年代的美術：不安的時代》（多木浩二、持田季未子譯）
安迪的《夢之舊貨市場：午夜詩歌與輕敘事詩》（丘澤靜也譯）

宇澤弘文的《現代日本經濟批判》
中村雄二郎的《西田哲學的解構》
宇澤弘文的《尋求公共經濟學》
大岡信的《檜扇之夜，天的吸塵器逼來》
山口昌男的《山口昌男・對談集　身體的想像力：音樂、戲劇、夢幻》

現代選書有：

鮑爾斯、金迪斯的《美國資本主義與學校教育：教育改革與經濟制度的矛盾II》（宇澤弘文譯）
卡津的《紐約的猶太人：一個文學的回憶一九四〇至六〇I、II》（大津榮一郎、筒井正明譯）
紀爾茲的《文化解釋學I、II》（*The Interpretation of Cultures: Selected Essays*，吉田禎吾、柳川啟一、中牧弘允、板橋作美譯）

近藤啟太郎以作家聞名。儘管本人說自己過著玩世不恭的日子，其實他為人誠懇。《奧村土牛》也反映了他的為人，是一本扎扎實實探索土牛藝術的上乘評傳。近藤時而從千葉縣鴨川過來，與他攀談是件快事。透過本書，我受教於日本畫的鑑賞力。後來，我細緻追摹了橫山大觀等近代日本畫創生的遺稿《日本畫誕生》，由資深編輯H之手出版（二〇〇三）。

原廣司的文章文體獨特。內容上以原氏獨創的、遠遠超出既成概念的新概念，使用數字抑或伊斯蘭教用語敘述，所以理解起來絕非容易，但又感覺似乎理解了。從這一點看他的建築作品，也許就好懂了。他的建築形態既絕對新潮，又不讓人產生半點隔膜，反而很舒服。這本書以「從功能到面貌」概念為中心，展開了獨特的空間論，儘管內容絕不通俗，卻超越建築的框架，得到讀者的熱烈閱讀。

拉岡攻堅戰

拉岡的思想以艱澀難懂著稱。但聽說他的講義錄：「研討班」比較容易理解。據聞米勒是拉岡的女婿，說這個人有一種秘教氛圍，很難接近。拉岡的解說本在日本已經出到爛了，而拉岡本人可信的日譯本的著作幾乎不存在，在這種狀況下，我很想翻譯出版研討班，哪怕只有主要部分都好。

研討班共有二十幾冊，經與笠原嘉、小出浩之商量，決定從中選出可以理解拉岡思想最重要的內容，先翻譯幾冊。雖說是幾冊，原書一冊譯成日文往往是兩冊，所以等於出十幾冊譯本。況且，儘管研討班相對容易理解，但是要準確翻譯，仍必須徹底舉辦讀書會、研究會。所以翻譯一冊原著，至少需要三、四年。我向法國的門檻出版社（Editions Seuil）的人說明，會用幾年時間耐心工作，因而取得了研討班半壟斷的翻譯權。

其間，與自稱米勒代理人的人，幾次在東京或巴黎見面。其中一個叫皮爾・史克里亞賓（Pierre Skrjabin），據說是俄羅斯作曲家亞歷山大・史克里亞賓（Aleksandr Skrjabin）的侄子。一九八七年二月在東京見史克里亞賓之際，他帶來了米勒給我的信。信上說除了《佛洛伊德的技法論》（*Les écrits technique de Freud*）以外，希望我們一定要翻譯《精神分析的倫理》（*L'éthique de la psychanalyse*）和《精神分析的四個基本概念》（*Les quatre concepts fondamentaux de la psychanalyse*）。這本《精神病》是研討班翻譯的第一本。

其後，相繼於一九九一年出版了《佛洛伊德的技法論上、下》（上卷：小出浩之、小川豐昭、小川周二、笠原嘉譯，下卷：小出浩之、鈴木國文、小川豐昭、小川周二譯）；一九九八年《佛洛伊德理論與精神分析技法中的自我上、下》（*Le moi dans la théorie de Freud et dans la technique de la psychanalyse*，小出浩之、鈴木國文、小川豐昭、南淳三譯）；二〇〇〇年《精神分析的四個基本概念》（小出浩之、新宮一成、鈴木國文、小川豐昭譯）；二〇〇二年《精神分析的倫理上、下》（小出浩之、鈴木國文、保科正章、菅原誠一譯）；二〇〇五年《無意識的形成物上》（*Les formations de l'inconscient*，佐佐木孝次、原和之、川崎惣一譯）。下冊訂於二〇〇六年三月出版。

關於《狂歡化！》，幾乎沒見到像樣的書評。但是，最近海野弘在《海野弘・書的旅行》（白楊社〔Poplar Publishiing Co., Ltd.〕，二〇〇六）中提及，引用於此。我認為他完美地抓住了狂歡化和巴赫汀等現代思想的本質。

> 我對狂歡化的興趣，來自俄羅斯符號學家巴赫汀的影響。大學時代，我在調查俄羅斯前衛派時，讀巴赫汀的拉伯雷（François Rabelais）論、杜思妥也夫斯基論如醍醐灌頂。透過語言、表演，顛覆日常或體制的秩序，催生新世界的巴赫汀想法，對於我來說，宛若哥白尼式的倒轉。
>
> 我選擇「世紀末」的課題，難道不也是想顛覆舊世紀，創生新世紀的狂歡化嗎？那麼，新藝術（Art Nouveau）就是狂歡化的形式。

舊秩序僵化、沒有出路，陷入癱瘓。必須衝破它的堅殼，讓巨大的混沌釋放出來。我感覺自己做的小小研究，並非與巴赫汀到艾可的現代思想大潮風馬牛不相及，我似乎看到了自己的方向。

關於山口昌男的《身體的想像力》，列出目次如下：

I　音樂與土地精靈
　菲爾德曼
II　身體幾何學：佛朗明哥文化的自我認同
　加德
III　面向戲劇的初始
　布魯克（Peter Brook）
IV　夢幻與戲劇性想像力
　安迪
V　音樂、人生及朋友們
　凱基
VI　在音樂與戲劇的夾縫間
　布梭帝

山口昌男與加德（右）在《赫爾墨斯》雜誌裡對談。

VII「開放（glasnost）」中的符號論：在莫斯科得償夙願的邂逅

伊凡諾夫

將上述內容與《二十世紀的知識冒險》和《知識的獵手・續・二十世紀的知識冒險》合觀，試想日本人除了山口以外，還有誰能如此多領域，酣暢淋漓地發揮知識能量呢？這些對談我大都親歷過，每次都享受了超級的精神大餐。這裡再次向山口致意！

管理職的編輯

一九八八年出版的單行本如下。選題由我企畫，然而經濟方面以外的書目，編輯的具體業務多由S和S君等承擔。

史翠菊（Susan Strange）的《賭場資本主義：國際金融恐慌的政治經濟學》（*Casino Capitalism*，小林襄治譯）

明斯基（Hyman P. Minsky）的《凱因斯〈通論〉新釋》（*John Maynard Keynes*，堀內昭義譯）

賓得（Pearl Binder）的《打扮和不打扮：人為什麼穿衣服？》（*Dressing Up Dressing Down*，杉野目康子譯）

井上廈、大江健三郎、筒井康隆的《尋覓理想國尋找故事：面向文學的未來》

皮科克的《人類學與人類學者》（*The Anthropological lens, Harsh Light, Soft Focus*，今福龍太譯）

哈里斯（Marvin Harris）的《什麼都能吃：令人驚異的飲食文化》（*Good To Eat, Riddles of Food and Culture*，板橋作美譯）

安迪、克里希鮑姆的《黑暗考古學：論畫家愛德格・安迪》（丘澤靜也譯）

大江健三郎的《奎爾普軍團》

前一年我就任了編輯部長一職，所以這一年編輯的書目發生了急遽變化。井上、大江、筒井三人的《尋覓理想國尋找故事》、大江的《奎爾普軍團》，都是在《赫爾墨斯》上發表過的。除此之外，清一色都是翻譯書。我覺得這也最直接暴露出管理職編輯的尷尬之處。拿出充分的時間，與每一位撰稿人討論，催生扣人心弦的圖書——編輯本來的工作已經心餘力絀，實在悵然。每本譯本我都有足夠的信心接受市場考驗。比如史翠菊因《賭場資本主義》而名噪一時，「賭場資本主義」一詞也成了流行語。而哈里斯的《什麼都能吃》一書非常有趣，贏得了廣大讀者。還有《人類學與人類學者》一書發人深省，人類學家的作者一九六八年發表了處女作*Rites of Modernization*，我從那時以來就密切關注。本書後來更名為《何謂人類學》，一九九三年作為「同時代叢書」出版。皮科克也是前述《顛倒的世界》的撰稿人。然而作為編輯只能以譯本為中心，畢竟是綆短汲深的結果。

我將在以下兩章書寫《赫爾墨斯》其後，以及作為一個編輯的終場工作。

山口昌男與布魯克（右）在《赫爾墨斯》雜誌裡對談。

第七章　總編輯的後半場——《赫爾墨斯》之輪 II

1　編輯群的幹勁

磯崎新的「建築政治學」

我擔任《赫爾墨斯》總編直至第二十九期。即一九八四至九一的七年。第十九期（一九八九年五月）開始，季刊改為雙月刊。因為季刊的節奏已經無法消化企畫內容。編輯部增加了新手T，變成四人。

在這裡我想稍微說說T的事情。我們每每通宵達旦處理《赫爾墨斯》的印刷校對，校完都已黎明。當天空泛白的時候，我們照例各自坐上印刷廠門前等候的計程車回家。T還是年輕女性，不好難為她也通宵。我要她趕地鐵末班車，提前離開印刷廠校對室。T聽話地說：「我先走了。」便出門。約莫三十分鐘後，她又折回來。說她「差了一點時間沒趕上末班車，無奈只好回來了」，接著繼續校對。接連三、四次「沒趕上車」，結果那以後T也跟著熬夜到白天了。

前兩章我寫到第十五期，本章將著重歸納第十六至三十期。

首先是關於磯崎新的卷首連載。「後現代主義風景」持續到第八期，是滿兩年的連載。從第九期開始的「建築政治學」，其具體的連載內容如下：

1　鳳凰城區計畫（第九期）
2　MOCA（洛杉磯現代美術館）（創刊兩周年紀念別卷）
3　東京市政廳（City Hall）落選案（第十期）
4　巴塞隆納奧運體育宮（第十一期）
5　布魯克林美術館（Brooklyn Museum）擴建計畫（第十二期）
6　南法的美術館計畫（第十三期）
7　樹魂與地靈（創刊三周年紀念別卷）
8　城市再開發：派特諾斯特廣場（Paternoster Square）計畫（第十四期）
9　國際舞台研究所・利賀山房（第十五期）
10　想像的復原：卡薩爾斯音樂廳（Casals Hall）與東京地球劇團（The Globe Tokyo）（一九八八年臨時增刊別卷）
11　水戶藝術館（第十六期）
12　斯特拉斯堡現代美術館計畫（第十七期）
13　三個校園計畫（第十八期）

一九八六年十二月至一九八九年三月，連載跨了三年。這裡看到的包括建成和未建成的建案在內，全都是磯崎的作品。他被稱為後現代主義的旗手，正如前述，他在摸索新方向而不安於現狀。這個連載既是這種摸索的軌跡，又展示了磯崎建築的博大精深。

奔走在世界各地的大忙人磯崎，何以自始至終一次不缺呢？為了回答這樣直白的問題，也需要具體檢討連載的內容。話雖如此，仍無暇觀其全貌，僅舉代表案例：第三次連載的「東京市政廳落選案」。

東京市政廳落選案

這是參加東京都市政廳新綜合大樓競標的提案。眾所周知，實際上磯崎新的老師丹下建三的建築，成了新宿上空高高矗立的雙塔。磯崎案構思的不是超高層建築，而是擁有世上少有的超大規模空間的建築。這個提案的立意是，透過這個巨大的公共空間，讓人們感知崇高性。然而，實際被採用的仍是老一套的哥德式建築。從建築史可知，每當看不清方向猶疑彷徨時，總是回歸哥德式。磯崎寫道：

東京市政廳首選方案，因突出哥德式設計備受世人推崇，也可以說正好鑽進了今天缺少支配性建築樣式空隙的現狀。然而，這裡的哥德式不外乎罩在平常超高層建築外表下所借來的衣裳。於是，東京都的象徵便將是永遠罩著借來的衣裳上了。

我作為東京都民，希望新市政廳擁有方便市民活用的巨大公共空間。那裡應該可以看到象徵真正民主主義的崇高性。我無論怎麼想都不適合象徵權威的哥德式樣，它是模擬主義、不，甚至是讓人笑掉大牙的！我恨不得拍案而起了，但是就磯崎案而言，恐怕不能簡單地說它僅僅是被指定參加競標的提案吧。如果知道他就權力與其象徵建築的關係，包括伊勢神宮、桂離宮等案例進行的縝密徹底的分析，就不難理解這個方案的深刻寓意了。所以，即使連載中的一個高爾夫球場的會所（7・樹魂與地靈）都離不開建築「政治學」，更何況奧運設施、美術館，建築就是政治本身顯而易見。

而且，卷首連載繼「建築政治學」之後是「被中斷的理想國」，我認為磯崎的意圖非常明確了。勿庸置疑，「理想國」正是「政治」終極的概念。

虛構之設計

以下看看「被中斷的理想國」的連載：

1　列奧尼多夫（Ivan Illich Leonidov）的「陽光城市」　（第十九期）
2　列奧尼多夫的「陽光城市」（續）　（第二十期）
3　柯比意（Le Corbusier）的「Mundaneum」　（第二十一期）
4　柯比意的「Mundanieum」（續）　（第二十二期）
5　阿斯普朗德（Erik Gunnar Asplund）的「斯德哥爾摩博覽會」　（第二十三期）
6　富勒（Richard Buckminster Fuller）的「Dymaxion」（節能高效）　（第二十四期）
7　鐵拉尼（Giuseppe Terragni）的「但丁紀念碑」（Danteum）　（第二十五期）

8　鐵拉尼的「但丁紀念碑」（續）　（第二十六期）
9　迪士尼的「主題公園」　（第二十七期）

此處我想引用本連載最後一回的結尾部分。他對追求理想國、我們所面對的境地，做出了一針見血的分析。

現在我切實感覺，已經不可能以現實為標準來做規畫，只能靠編織虛構才能奏效。這就是「主題公園」成功的原因，那裡只出售虛構。建築設計也面臨同樣的事態。沒有共同認可的基準樣式，所以需要虛構的主題。我在這個普通的辦公樓設計上，中央做了一個無意義的筒狀空洞，為了使它順理成章，我建議把它當作世界最大的日晷，這個做法並被採納了。其實是賦予了某種主題這個被抽象化的形式。落在那個空洞上的影子，即「時間」。恐怕它被理解為「具有『時間』主題」的建築。虛構——離開了作者，擅自行動起來了。

磯崎新不僅為卷首寫連載，還以各種形式出現。關於「Guest From Abroad」等的細節待後述，這裡僅記述他與多木浩二的連載對談。

一九六八年是一切之源！連載對談「世紀末的思想風景」1　（第二十期）

筵席散了之後——七〇年代前期的摸索「世紀末的思想風景」2　（第二十一期）
古典主義與後現代：從「間」展到「筑波」「世紀末的思想風景」3　（第二十二期）
技術與形而上學：八〇年代能看清什麼「世紀末的思想風景」4　（第二十三期）
創造的根據何在：
二十世紀的終焉、面向二十一世紀的展望「世紀末的思想風景」5　（第二十四期）

這個連載後，我們以磯崎、多木合著的形式出版了《世紀末的思想與建築》（一九九一）。由此可見磯崎涉足《赫爾墨斯》之深，令我心感靡已，筆墨難以形容。

大江健三郎的小說、對談

第九期以後，大江健三郎的作品及評論、對談，列舉如下：

革命女性（其一）：獻給有戲劇性想像力的人1　（第九期）
革命女性（其二）：獻給有戲劇性想像力的人2　（第十期）
革命女性（終篇）：獻給有戲劇性想像力的人3　（第十一期）
《明暗》、渡邊一夫（兩個講演）　（第十二期）
奎爾普的宇宙（第一回）　（第十三期）
奎爾普的宇宙（第二回）　（第十四期）

奎爾普的宇宙（第三回）　（第十五期）

奎爾普的宇宙（第四回）　（一九八八年七月臨時增刊別卷）

奎爾普的宇宙（第五回）　（第十六期）

歌劇創作1・植根於世界視野的同時：與武滿徹的對談　（第十七期）

歌劇創作2・面向故事：與武滿徹的對談　（第十八期）

歌劇創作3・關於戲劇性人物像：與武滿徹的對談　（第十九期）

再會，或片尾曲（last piece）（一）（新連載・SF）　（第二十期）

再會，或片尾曲（二）　（第二十一期）

再會，或片尾曲（三）　（第二十二期）

再會，或片尾曲（四）　（第二十三期）

再會，或片尾曲（五）　（第二十四期）

日本的現代・日本的小說：三個講演　（第二十五期）

歌劇創作最終回・藝術家留給未來的東西：與武滿徹的對談　（第二十七期）

治療塔行星〈長篇小說〉（第一回）　（第二十九期）

由此可見，從第九期以後至第二十九期，大江僅僅缺席第二十六期一次。第二十八期在「Dialogue Now」與津島佑子對談。《赫爾墨斯》能夠維持正常發行，全靠編輯群的幹勁，對這一點我不能不重新認識。

大岡信的「摹的美學」

大岡信的組詩「檜扇之夜・天的吸塵器逼來」，連載至第十期完結。從第十一期開始了新連載「摹的美學」。

為什麼「摹」？　摹的美學（一）（第十一期）
修辭與直情：菅家的摹，從和到漢　摹的美學（二）（第十二期）
修辭與直情：修辭的頭腦裡寄居直情　摹的美學（三）（第十三期）
修辭與直情：詩人的神話與神話解體　摹的美學（四）（第十四期）
古代現代主義的內與外　摹的美學（五）（第十五期）
連詩大概：動機與展開　續摹的美學（一）（第十六期）
連詩大概：作品檢查其一　續摹的美學（二）（第十七期）
連詩大概：作品檢查其二　續摹的美學（三）（第十八期）
連詩大概：用英語做連　續摹的美學（四）（第十九期）
為笛子和語言和舞蹈而作的水炎傳說（第二十期）
一九〇〇年前夜後朝譚〔新連載隨筆〕（一）—（六）（第二十一至二十六期）
日本的詩與世界的詩〔講演〕：圍繞著「詩與神聖」（第二十七期）
法蘭克福連詩：與埃卡特（Gabriele Eckart）、貝克爾（Uli Becker）、谷川俊太郎

〔對談〕「法蘭克福連詩」及其背景：與谷川俊太郎　　　　（第二十九期）

大岡信沒出現的也只有第二十八期。那是為了準備第二十七期刊登的講演，正在比利時等地訪問。法蘭克福每年舉辦的國際書展，法蘭克福連詩是該年（一九九〇）邀請日本當「主題國」而開展的一項活動。「一九九〇年前夜後朝譚」斷續連載到第四十九期，在第十七回告終。一九九四年出版了單行本《一九九〇年前夜後朝譚：近代文藝豐盈的秘密》。

大岡在本書〈後記〉寫道：

《赫爾墨斯》以第五十期為機緣，解除了編輯群制度。本書對我說來，雖然是在十年的《赫爾墨斯》編輯群時代後期所作，但若沒有這個雜誌，此書千真萬確是不會寫成的。磯崎新、大江健三郎、武滿徹、中村雄二郎、山口昌男諸位的存在，對我是保持緊張感和持續性的必要源泉。

另外，第二十期登出的「水炎傳說」，是為了一九九〇年一月在青山圓形劇場表演而做，由實相寺昭雄演出、石井真木作曲、赤尾三千子笛子演奏。

山口昌男的關切方向

關於山口昌男的論稿內容，第五章中記述到第十五期，這裡舉出第十六期以後的內容：

戰爭與「知識分子」「挫折的昭和史」2（第十六期）

體育帝國（上）：小泉信三與網球　「挫折的昭和史」3（第十八期）

體育帝國（下）：岡部平太的「滿洲」「挫折的昭和史」4（第十九期）

心向墨西哥　「知識的即興空間」（第二十一期）

現代主義與地方城市：北海道與金澤　「知識的即興空間」（第二十二期）

畫師與將軍　「挫折的昭和史」5（第二十四期）

似達達派的將軍肖像　「挫折的昭和史」6（第二十五期）

「夕陽將軍」的影子　「挫折的昭和史」7（第二十六期）

讀書的軍人　「挫折的昭和史」8（第二十八期）

雖然「挫折的昭和史」連載開始了，但讀山口的這個連載有種不同於往常不可思議的味道。他在第十七期「Dialogue Now」與布勞（Herbert Blau），在第二十七、二十九期「Guest From Abroad」分別與艾夫曼（Boris Eifman）和托多羅夫（Tzvetan Todorov）對談。但是可以說，山口關切的主題明顯地變化，並發展成後來的「敗者的精神史」。

中村雄二郎不斷高揚的思索

中村雄二郎的情況怎樣呢？他在第十六期「Guest From Abroad」與李歐塔（Jean-Francois Lyotard）對談。第十七期「形之奧德賽」8中，與池田滿壽夫、司修對談。那以後的論稿如下：

惡的哲學可能嗎？：惡的哲學・序說　（第十八期）

在美與力以及崇高的夾縫：為了解開形式的咒縛　「形之奧德賽」9　（第十九期）

場所與節奏振動：空白與充滿的動力學　「形之奧德賽」10　（第二十期）

有色世界・無色世界：腦髓與宇宙的接點　「形之奧德賽」11　（第二十一期）

新音聲宇宙的胎動〔與細川俊夫對談〕「形之奧德賽」12・最終回　（第二十二期）

互相響應的拓撲斯（上）：從斯特拉斯堡到多納什城　（第二十四期）

振盪開啟的世界：互相響應的拓撲斯（下）　（第二十五期）

形態諧振與視覺的自明性　「形之奧德賽」補遺　（第二十六期）

惡的魅力與存在的過剩　新連載「惡的哲學筆記」1　（第二十八期）

淨是污……——鮮活的「依莉亞（IRIA）」與污穢「惡的哲學筆記」2　（第二十九期）

結束「形之奧德賽」連載，接著「惡的哲學筆記」新連載開始。中村思索的生產效率與日俱增。而這些連載又是在《赫爾墨斯》從季刊改為雙月刊以後，每念及此，不勝感慨。

武滿徹的「歌劇創作」

我也必須提及武滿徹的活躍：

關於與西洋音樂相遇：為了產出「世界通用的蛋」　（第十六期）

植根於世界視野的同時：與大江健三郎的對談「歌劇創作」1（第十七期）
面向故事：與大江健三郎的對談「歌劇創作」2（第十八期）
關於戲劇人物像：與大江健三郎的對談「歌劇創作」3（第十九期）
「訪談」透明性寄居之處：訪者凱頓（Daniel Catan）（第二十期）
藝術家留給未來的東西：與大江健三郎的對談「歌劇創作」最終回（第二十七期）
走遍世界的武滿徹：點描回顧音樂會（赫爾墨斯編輯部編）（第二十九期）

如上所見，從第二十一期到二十六期，已不見武滿徹的身影。正如第二十九期「走遍世界的武滿徹」已經點明，一九九〇年的後半為了紀念武滿徹的花甲之年，在世界各地舉辦了音樂節或回顧音樂會。他與大江健三郎的對談「歌劇創作」的連載，一九九一年十一月以岩波新書《歌劇創作》出版。

2　從暢銷作家到科學家

筒井康隆的兩種想像力

正如前述，我邀請過非編輯群的筒井康隆與井上廈、大江健三郎舉行對談。然而，筒井與《赫爾墨斯》的關係中最大的亮點，還是他供稿連載的長篇小說《文學部唯野教授》。從第十二期到第十八期，第一講・印象批評；第二講・新批評；第三講・俄羅斯形式主義；第四講・現象學；第五講・解釋學；第六講・接受理論；第七講・符號學。大江健三郎的長篇小說《奎爾普的宇宙》（一九八八年以單行本《奎爾普軍團》出版）也是從第十三期開始連載的，一時間版面上演了兩人的擂台賽。

一次編輯群會議上，磯崎新曾說：「前不久我出國在飛機上，想睡時開始翻《赫爾墨斯》。可是，筒井的《文學部唯野教授》讓人前仰後合，一興奮，睏意全跑了。」筒井異想天開的小說，在連載期間就產生了轟動效應，一九九〇年一月單行本出版，更是立刻高居暢銷榜首。

一九九七年七月，在新神戶東方飯店舉行筒井的「復出暨獲授騎士勳章慶祝會」。我到會致辭，照錄如下：

> 我是岩波書店的大塚。承蒙指名，在此謹致賀辭。
>
> 今天慶賀的宗旨有二：其一是筒井先生復出的事實；另一個即是他在法國被授予騎士勳章。
>
> 我想今天的會議策畫者必是深謀遠慮之士，因為這兩件事之間不就有著必然的關聯嗎？也就是說，重新執筆，即面向未來；而授勳，是針對筒井先生既往的創作活動。簡而言之，是對筒井康隆這位作家的過去和未來，一併慶賀的策畫。我理解今天的慶祝會正是本著這樣的宗旨，所以

筒井康隆的「復出暨獲授騎士勳章慶祝會」上，作者到場致詞。

忝列發起人的末席。

在這裡，我想披露一下偉大作家的SOZO[24]力之驚人，以塞自責。我說的SOZO力包含雙重含義：imagination意義的想像力和creativity意義的創造力。當然，我不是批評家，不會說什麼艱深的話。只想介紹一段插曲，供各位參考。

首先，就說imagination吧。眾所周知，在我們的雜誌《赫爾墨斯》上連載的《文學部唯野教授》已經出版了單行本，一下就成了大熱門的暢銷書。我當時是《赫爾墨斯》的總編輯。連載開始之際，曾請筒井先生共進晚餐。那時的季節寒氣逼人，於是相約去吃河豚，我請先生到京都一家餐廳。沒想到筒井先生日後在某雜誌發表了日誌形式的作品，對那一天有這樣的描述。

「我和《赫爾墨斯》的總編，還有我的責編一起去吃河豚料理。魚白端了上來。只有五隻。我和總編每人吃兩隻。責編只撈了一隻。」

各位想想，實際上會有這種事嗎？有名有臉的餐廳，為三位客人只送來五隻魚白，首先這是無法想像的。

其次，再說creativity。決定請筒井先生為刊物連載時，我們剛剛翻譯出版了英國激進的文藝批評家伊格頓的《文學理論導讀》，這是一本關於現象學批評、解釋學批評之類高深莫測的大書。我把剛出爐的那本書交給了筒井先生，讓他隨意翻翻。

而先生居然在回神戶的新幹線上，把書全讀了一遍。然後以伊格頓的書為線索，為我們寫了《文學部唯野教授》。結果是有目共睹的大傑作，他還將深奧的文藝批評理論，比伊格頓的書淺顯多少倍地講述出來。

我想說的歸結為一句話：偉大作家的SOZO力令人生畏，但又是何等神奇！筒井先生，向您致以由衷的祝賀！並祝您今後鵬程萬里！還請多多關照，給賣書難、慘澹經營的出版社發財的機會！

來自國外的學者和藝術家

接下來看第十六期以後的「Guest From Abroad」：

15　李歐塔／中村雄二郎
現代哲學的證人：結構主義的是非、梅洛龐蒂、海德格問題　（第十六期）

16　庫哈斯（Rem Koolhaas）／磯崎新
從混沌而生的新系統：超越建築的解構　（第十九期）

17　艾什伯瑞（John Ashbery）／大岡信／谷川俊太郎
現代詩的風景：美國與日本　（第二十一期）

18　布伊薩克（Paul Bouissac）／山口昌男
以大地女神（Gaea）的符號學為目標　（第二十五期）

19　艾夫曼／山口昌男
芭蕾傳遞知識的形式！：新藝術誕生之時　（第二十七期）

20　艾森曼／磯崎新
建築與過剩——超越「有機」（第二十八期）
21　托多羅夫／山口昌男
境界的想像力（第二十九期）

這裡另有一篇，雖不是掛在「Guest From Abroad」下面，但實質相同。即第二十九期的：

艾可的一席談：日本的印象
磯崎新／武滿徹／中村雄二郎／山口昌男

我能在擔任總編時，在「Guest From Abroad」專欄下，請來如此眾多在世界上叱咤風雲的藝術家、學者，作為一個編輯的喜悅無過於此。完全仰仗編輯群諸賢費心，當再次致以謝忱。

順便提及「Dialogue Now」，在第十七期刊出：

布勞／山口昌男
加利福尼亞·知識文藝復興的證人

第二十八期刊出：

津島佑子／大江健三郎
成為作家，和持續當作家

高橋康也的兩次對話

另外，第十八期登出高橋康也的〈為了想像力的宇宙：與現代巫女凱薩琳・雷恩交談〉，是完全可以作為「Dialogue Now」中的一篇對談。第十期同樣登出高橋與伊格頓的對談，〈關於「革命」與幽默：文藝批評的現在〉。我在二〇〇四年出版的《回憶在心間：高橋康也悼念錄》中，撰文描寫了跟這兩個對談有關的事情，以下引用：

> 伊格頓與雷恩
>
> 以鋒利驍勇著稱的左派論客、文藝評論家伊格頓，和以布萊克、葉慈研究著稱的知名詩人雷恩。介紹這樣兩位截然相反人物的意圖，不僅是因為我曾經拜託高橋康也先生與兩人實際對話的緣故，還因為我認為異質的兩人具備了文學世界的大視野，而這也是高橋康也先生自身的資質。
>
> （中略）

在《赫爾墨斯》第十期進行對談的高橋康也。

一、伊格頓

一九八六年十月，我問康也先生能否與伊格頓對談，他欣然允諾，當時先生正在劍橋聖三一學院（Trinity College）當客座研究員。我前往會見在牛津執教的伊格頓之前，康也先生邀我去三一學院，我在法蘭克福國際書展結束後，即前往劍橋。

康也先生與迪夫人出迎，並帶我在學院周邊晃晃。「牛頓的蘋果樹」啦，教授專用庭園等，讓人大開眼界。但最妙的還是在建築師雷恩爵士（Sir Christopher Wren）設計的學院大食堂的高桌晚餐（High Table）。作為客人，我被安排在舍監旁邊，這倒沒什麼，可是舍監的英語也許太過高深，我一句也聽不懂，只能乾瞪眼。出席者一律身穿無袖黑袍（Gown），而我對面稍年輕的男子，黑袍下面是皺巴巴的T恤、牛仔褲和運動鞋。我和他聊起東南亞、中國盜版之類的話題，後來請教康也先生才得知，此人是兩、三年前榮獲諾貝爾獎的化學家，我又是一驚。記得那一天我被安排住在學院的研究室，心懷對先生夫婦的感激入睡。

第二天早晨在高橋家用過早餐，乘巴士前往牛津。我比約定的時間略略提前到了伊格頓的研究室，在牛津晚兩、三分鐘進去是禮貌，所以我們在門前等了片刻。

伊格頓與書中得到的印象大不相同，謙和坦誠地迎接了我們。

與前頁高橋康也對談的伊格頓。

與康也先生對談的內容，也是從伊格頓的職業生涯開始，談到布萊希特、巴赫汀、班雅明（Walter Bendix Schoenflies Benjamin）的影響，和他對解構的見解；關於文本與理論的關係，以及貝克特的愛爾蘭性和伊格頓自身的愛爾蘭背景，最後甚至談論到「政治性和幽默的東西」。大概是康也先生的人格使然，可以如此親密的深談，我完全始料未及。

詳見《赫爾墨斯》第十期（一九八七年三月刊）所刊載的對談〈關於「革命」與幽默——文藝批評的現在〉。

二、雷恩

那次對談兩年後的一九八八年十月，在英格蘭南部普利茅斯附近的小村達丁頓，實現了雷恩與康也先生的對談。

達丁頓有一個財團——達丁頓霍爾基金（Dartington Hall Trust），負責藝術大學營運並策畫藝術類活動。據說羅素（Bertrand Russell）是熱心的支持者之一，利奇（Bernard Leach）、柯比意等也與它有關係。

該財團八〇年代初思考舉辦藝術的國際性聚會，指定雷恩做總策畫。雷恩在這個名為忒墨諾斯（Temenos）國際性活動的第二屆會議上，決定從日本搬來銕仙會的最佳陣容：觀世榮夫、淺見真州等上演能樂。康也先生擔任解說隨能樂團一行，經華沙、維也納來到英國。對談是在能樂上演前夕忙亂的氣氛中進行的。儘管如此，雷恩的起居室是一幢緊鄰十六世紀的城館達丁頓禮堂的建築，往外望，田園秋色盡收眼底，那美麗恬適似乎讓兩人的對談摒棄俗界而一氣昇華。

內容從能樂開頭，但馬上轉入她在劍橋時代的知性氛圍，款款地道出她在鑽研植物學時代出版處女詩集《石與花》（一九四三）的經過，她對包括布萊克、葉慈的神秘主義、新柏拉圖主義關注的緣起，以及由她編輯、內容與《赫爾墨斯》相仿的雜誌《忒墨諾斯》（*Temenos*）等的話題。

季刊《赫爾墨斯》第十八期刊出的〈為了想像力的宇宙：與現代巫女凱薩琳・雷恩交談〉，既可以窺視二戰前夕英國最優秀的知識傳統，也可以看到自然科學的合理主義、哲學的懷疑主義，及以新柏拉圖主義為首的秘教傳統是如何相互滲透的。

以上兩例，足以顯示康也先生廣泛的知識興趣，兩次都因為康也先生的人格魅力和戲劇性的興趣點，使對話更加充實。

康也先生十幾年前動筆撰述的著作《架橋》，終於經多方努力，於二〇〇三年六月由岩波書店發行，令人欣慰。

向您——永遠面帶微笑，對我的無知沒有半點苛責，只留下溫馨的感動仙逝的高橋康也先生，獻上心中的感激！

「表演現場」

以下列舉第十六期以後的「表演現場」：

15 多木浩二的〈暴力或繪畫的物質性：基弗（Anselm Kiefer）的啟示錄世界〉（第十六期）

16 多木浩二的〈城市中人（Men in the Cities）：隆戈（Robert Longo）的反高潮（Anticlimax）〉（第十七期）

17 伊藤俊治的〈珊莫拉斯（Lucas Samaras）的行為學（Somatography）〉（第十八期）

18 生井英考的〈男性裸體的感情生活：寫真、肉體、現代主義〉（第十九期）

19 大竹伸朗的〈夢的沉澱〉（第二十期）

20 今井俊滿的〈無定形藝術（Art informel）花鳥風月〉（第二十一期）

21 伊東豐雄的〈八代市立博物館：浮生若夢（Ephemeres）式「建築」嘗試〉（第二十二期）

22 川俣正的〈都市生活專案——羅斯福島（Roosevelt Island）——廢墟的開始〉（第二十三期）

23 八束 HAJIME 的〈大阪世博13愚蠢（folly）〉（第二十四期）

24 吉田喜重的〈情感的超歌劇（mata opera）：在里昂的《蝴蝶夫人》〉（第二十五期）

25 木戸敏郎的〈現代音樂與雅樂相遇：國立劇場的實驗演出〉（第二十六期）

26 岡崎乾二郎的〈與B研討班生的對話：藝術與無動於衷〉（第二十七期）

27 井田照一的〈重力的色彩〉（第二十八期）

28 若林奮的〈長此以往的坑窪路〉（第二十九期）

第十五期到第十八期中，多木浩二、伊藤俊治、生井英考等諸位是從批評的立場進行的考察。而第二十五期的木戶敏郎則是從演出家角度的報告。另外，第二十四期的吉田喜重則是電影導演嘗試歌劇導演的特例。

年輕一代的撰稿人

年輕一代建築家的論稿，登出以下兩篇：

7　片木篤的〈小鋼珠的圖像學（iconology）〉（第十九期）

8　片木篤的〈令人憧憬的「電飾」（electrographic）建築：小鋼珠的圖像學（續）〉（第二十三期）

順便介紹一下一九八八年七月以後，年輕撰稿人的熱鬧陣容：

巽孝之的〈吉布森（William Ford Gibson）加速檔：讀電腦空間三部曲〉
伊藤公雄的〈所有人的敵人：馬拉帕爾泰（Curzio Malaparte）及其人生〉
古橋信孝的〈醜惡與恥辱：個體的領域與始源〉
黑田悅子的〈民俗文化的表層與深層：巴羅亞（Julio Caro Baroja）與西班牙〉
持田季未子的〈振盪的寫作（ecriture）：村上華岳〉

（以上載於一九八八年七月臨時增刊別卷）

西垣通的〈為與機械之戀而亡：圖靈（Alan Mathison Turing）的愛〉（第十九期）

山田登世子的〈為浪得虛名的男人們：近代模式的政治〉

高橋昌明的〈龍宮城的酒徒童子〉（以上載第二十期）

高橋裕子的〈毛髮的咒縛〉（第二十一期）

持田季未子的〈沒有風景的時代風景：地景藝術（earth work）〉

清水諭的〈「甲子園」的神話學〉

井上章一的〈美貌的力量〉

松浦壽輝的〈艾菲爾鐵塔：意象的悖論〉（以上載第二十二期）

武田雅哉的〈通往「怡啦！福爾摩沙！」（Ilha Formosa）之旅：
台灣人沙曼拿札（George Psalmanazar）的「美麗島故事」〉

西垣通的〈差分寄宿著神祇：巴貝奇（Charles Babbage）的羅曼〉

今福龍太的
〈符號學的赫爾墨斯—丑角——山口昌男的脫領域世界〉（以上載於第二十三期）

高橋昌明的〈兩個大江山・三個除妖記：酒徒童子說話與聖德太子信仰〉

河島英昭的〈走訪《玫瑰的名字》的舞台〉

新宮一成的〈關於夢的「死體」〉

大平健的〈電話、名字和精神科醫〉（以上載第二十四期）

櫻井哲夫的「水」的近代：洗浴文化與礦泉水〉
中澤英雄的〈卡夫卡（F. Kafka）的「猶太人」問題〉
伊藤公雄的〈無所有的愛：帕維瑟（Cesare Pavese）的挫折〉
鈴木瑞實的〈「符號—索引—徵候」的主題變奏〉
（以上載第二十五期）
保立道久的〈巨柱神話和「天道花」：日本中世紀的氏族神祭與農事曆〉
西垣通的〈通信線路中斷：夏隆（Claude Elwood Shannon）的紈袴主義（Dandyism）〉
鶴岡真弓的〈克爾特文藝（Celtic Revival）與世紀末：
王爾德（Oscar Wilde）母子的愛爾蘭傾向〉
河島英昭的〈《玫瑰的名字》與莫羅（Aldo Moro）事件：
正統與異端之爭〉
（以上載第二十六期）
柏木博的〈作為SF的美國與包浩斯（Bauhaus）設計〉
落合一泰的〈喊叫與煙囪：面向記憶的民族詩學〉
西垣通的〈舞蹈後設模式（Meta Patterns）：貝特森（Gregory Bateson）的高難動作〉
永見文雄的〈神的充足，人的不充足：重構盧梭（J. J. Rousseau）論的思考〉
持田季未子的〈雲的戲劇：羅斯科（Mark Rothko）〉
（以上載第二十七期）
高橋裕子的〈豎立的毛髮：夏洛特女郎（The Lady of Shalott）〉
西垣通的〈巨人遲到了，終於來了：維納（Norbert Wiener）的十字軍〉
鈴木瑞實的〈悲劇的解說：拉岡〉
（以上載第二十八期）

持田季未子的〈白的平面：蒙德里安（Piet Mondrian）〉
巽孝之的〈朱砂（vermilion）機械：巴拉德（J. G. Ballard）的現在〉
芹澤高志的〈個人、行星、技術：地球時代的生活設計〉（以上載第二十九期）

自然科學家們

第十八期開始了「科學散文」連載的新嘗試。

上田誠也的〈現代版希臘神話？：說說相當準確的地震預報〉（第十八期）
樋口敬二的〈天上來信：小學生也參加的雪的研究〉（第十九期）
川那部浩哉的〈模稜兩可最重要：生物群集是什麼？〉（第二十期）
松田卓也的〈眼淚的高科技生活〉（第二十一期）
佐藤文隆的〈弗里曼（Alexander Friedman）誕辰百年國際會議〉（第二十二期）
矢內桂三的〈向南極索隕石〉（第二十三期）
藤岡換太郎的〈海底時間隧道：挖掘伊豆、小笠原的巨大噴火遺跡〉（第二十五期）
向後元彥的〈廚房與紅樹林：緬甸的森林破壞〉（第二十八期）

本連載開始前，第十七期到第二十三期的「赫爾墨斯語錄」，每期都向自然科學者約稿：

第十七期　樋口敬二／河合雅雄／古在由秀／岡田節人／江澤洋／吉川弘之
第十八期　八杉龍一／佐藤文隆／米澤富美子／神沼二真／菅野道夫
第十九期　柳田充弘／松田卓也／山口昌哉／長尾真／養老孟司／竹內敬人
第二十期　彌永昌吉／西澤潤一／伊藤正男／池內了／木村泉／原田正純
第二十一期　長岡洋介／山田國廣／堀源一郎／井口洋夫／野崎昭弘
第二十二期　森本雅樹／小川泰／森下郁子／伊藤嘉昭／細矢治夫／岩槻邦男
第二十三期　本庶佑／村田全／酒田英夫／並木美喜雄／柳澤嘉一郎／齋藤常正

看著這些熟悉的名字，長期供稿的上田誠也、佐藤文隆、岡田節人、吉川弘之、八杉龍一、長尾真、原田正純、本庶佑等的面龐浮現在眼前。特別是第二十二期刊載佐藤文隆的〈弗里曼誕辰百年國際會議〉，尤其令人懷念。

弗里曼一八八八年生於列寧格勒。一九二五年三十七歲英年早逝，據說他是一位提出了近似今天「宇宙大爆炸」理論的數理物理學家、氣象學家、宇宙論者。他對愛因斯坦（A. Einstein）的一般相對論也感興趣，如果不是去世，我想他在這個領域將做出更多貢獻。

我透過佐藤文隆的岩波新書《宇宙論發出的邀請：基本原則和大爆炸》（一九八八），知道了弗里曼的存在，對二十世紀初的俄國，不僅孕育了為開啟當世紀人類科學奠定基礎的雅各森，而且在自然科學領域也誕生了獨樹一幟的天才，深感震撼。我又聯想到俄羅斯芭蕾舞團的狄亞格列夫（Serge Diaghilev）等，真想對俄羅斯（特別是列寧格勒〔現為聖彼得堡〕）從世紀末到二十世紀初，有如此多領域天才輩出的文化奧秘探個究竟。於是我打電話給佐藤：「我對弗里曼感興趣，能不能幫我們寫點關於他的工作？」佐藤回覆：「真沒想到。我去年應邀參加弗里曼誕辰百年紀念國際會議，剛從列寧格勒回來。」

結果他撰寫了〈弗里曼誕辰百年國際會議〉。他不僅談弗里曼的工作，還妙筆描繪了列寧格勒的氛圍。並推薦了他的朋友、物理學者徹寧（A. D. Chernin）的文章〈弗里曼的宇宙〉，該譯文同期登出。

談幸福論的科學家登場

其實，我還領教了佐藤文隆的深藏若虛。那是後來向他邀稿，執筆「二十一世紀問題群BOOKS」系列之一的《科學與幸福》。我認為向活躍在第一線的科學家邀稿，提出「科學與幸福」之類莫名其妙的題目，一定會被拒絕。但轉念一想，科學驚異的發展與人類的幸福存在著連動的關係？還是相反的關係？我認為這是個大提問。所以壯著膽，拿題目跟佐藤攤牌。

我邀稿時做好了被付之一笑的心理準備。然而他聽完我的話，很乾脆地說：「我瞭解了。寫吧。」老實說，我反而愣住了。我想對方應該會說：「科學發展與人類幸福是兩回事」而拒絕我，所以想說到時候再多少換個題目試試看。《科學與幸福》於一九九五年出版。作為本書的延續，誕生了由佐藤也出任編委的「講座・科學／技術與人」。

二〇〇一年三月，在京都大學舉辦佐藤文隆退休的紀念酒會，我當時應邀致辭。以下引用最後部分：

在這裡我想說的是，佐藤先生對於我們一般市民來說，是一位像祭司或牧師一樣的人物。也就是說，先生在我們無知的科學前沿這個神聖殿堂大展鴻圖，同時又時刻不忘作為平民百姓生活的世俗世界的橋梁。這一點除了費因曼（Richard Phillips Feynman）之外，實屬罕見。衷心祝願為「科學和人類幸福」架橋的祭司佐藤先生健康長壽！佐藤先生，今後也請繼續多多關照。

編輯群的力量

以下介紹第十六期以後除編輯群以外，卷首以及卷尾主要論稿的三位供稿人（年輕一代的供稿人已經記述，從略）。

15　東野芳明的〈補陀落平面設計序說：羅賓遜夫人的鵜唐圖譜未完成〉（第十六期）
16　多木浩二的〈法蘭克福的廚房：作為二十世紀意識形態的功能主義〉（第十九期）
17　中井久夫的〈世界的索引和徵候〉（第二十六期）
18　多木浩二的〈他者的肖像：旅行畫家們的經驗〉（第二十八期）

其中多木浩二是第二次登場。這是因為從第十六期到第三十期，重要論稿始終是編輯群傾全力操刀的。

與此形成對照的是，從第十九期開設的「Viva・赫爾墨斯」和「赫爾墨斯式評語」，向年輕作者大量邀稿。《赫爾墨斯》的基本編輯方針正是以編輯群為核心，盡量爭取青年作者參與，看來這一點得到了貫徹。本章涉及從第十六期到第二十九期的青年作者，多為我以外的編輯部成員發現並約稿的。

第十九期《赫爾墨斯》改成雙月刊起，黑田征太郎的封面設計主題，從「鳥」變成了「人」。黑田涉入甚深，與編輯群相差無幾。我衷心深謝他。

總編輯更迭

從第三十期開始，我把總編輯職位交給了S。S在其他出版社擔任過雜誌總編，經驗豐富，編輯了他心目中的《赫爾墨斯》。一九九四年《赫爾墨斯》從第五十一期以降，決定廢除編輯群制。雖然在編輯群中也有惋惜的聲音，但畢竟自創刊已持續了十年，所以我判斷時機合適。廢除了編輯群制的《赫爾墨斯》，由K出任總編。他從新人入社以來，就在《赫爾墨斯》編輯部工作。封面也從第五十一期開始，改由大竹伸朗負責（至第五十八期）。一九九六年五月起，開本改用二十五開本，取消了期號。最後，於一九九七年七月，迎來《赫爾墨斯》的終刊。

前面反覆提到，《赫爾墨斯》全靠編輯群之力支持。磯崎新、大江健三郎、大岡信、武滿徹、中村雄二郎、山口昌男諸位，為刊物立下汗馬功勞。《赫爾墨斯》的編輯會議，經常在赤坂一家鰻魚料理店「山之茶屋」召開。每兩個月一次的會議，編輯群只要沒出國一定會出席。一合上眼，鰻魚料理店靜謐的氛圍，以及與會各位編輯群、編輯部諸君的面龐便浮現眼前。包括像武滿徹這樣已經過世、正在成為歷史性人物在內，編輯群熱心討論的光景，對於我這個編輯來說，是什麼都換不了的寶貴財產。

第八章　轉折期的企畫——終場的工作

1　跨學際的講座

出版蕭條的陰影悄然而至

本章敘述從一九八九年到二〇〇三年期間，即作為編輯最後階段的相關工作內容。其間，一九九〇年我出任管理編輯的出版社主管，正是出版蕭條的陰影悄然降臨的嚴峻時期。前所未有的事態接踵而至，我應接不暇。

所謂的編輯，說到底，就是建立在一本一本書與一位一位作家的人際關係基礎上的工作。但是，當了主管，不得不脫離個別的具體工作。從編輯工作的本質而言是失格的。儘管如此，我與編輯工作藕斷絲連，只能說是自己的編輯情結使然。

以下，詳述我在這種處境下的工作。

一九八九年六月啟動了「講座・轉折期的人」，在描述這之前，先列舉同年我編輯或參與企畫的書目如下：

藤澤令夫的《哲學的課題》

河合隼雄的《生與死的接點》

根井雅弘的《現代英國經濟學的群像：從正統到異端》

篠田浩一郎的《羅蘭・巴特（Roland Barthes）：世界的解讀》

梅棹忠夫的《研究經營論》

磯崎新的《磯崎新對談集・建築的政治學》

杜而（Joël Dor）的《拉岡解讀入門》（*Introduction à la lecture de Lacan*，小出浩之譯）

尼哥爾（Allardyce Nicoll）的《丑角的世界：義大利即興假面喜劇的復辟》（*The World of Harlequin: A Critical Study of The Commedia dell'Arte*，浜名惠美譯）

宇澤弘文的《「富裕社會」的窮困》

山口昌男的《知識的即興空間：作為表演的文化》

伊東光晴的介紹

藤澤、河合、篠田、梅棹、磯崎、宇澤、山口——我寫出這些看起來跟我當編輯時交往篤深、關係密切的諸賢總動員。然而，此處我只想提及當時新銳的經濟學者根井雅弘。《現代英國經濟學的群像》是評論希克斯、卡爾多（Nicholas Kaldor）、魯賓遜（Joan Robinson）、羅賓斯（Lionel C. Robbins）、卡勒齊（Michal Kalecki）、哈洛德六人的傳記。要能夠清楚說明其中一人的生平和理論已經不易，而根井卻成功地描繪出六位經濟學者的「波瀾壯闊的知識精神史」（本書書腰上伊東光晴的推薦語）。

要敘述本書的成立，必然涉及伊東光晴。一九九七年十月為伊東光晴舉辦了「古稀紀念會」，以下請允許引用我的賀辭：

我是岩波書店的大塚。首先向伊東先生表示衷心祝賀。今天，我作為出版社的一員，藉此機會想談三點。

第一，不好意思一開始就從俗事說起，那就是伊東先生為我們寫的書備受讀者追捧。岩波新書《凱因斯》目前已經是第五十七刷，累計售出八十二萬冊。在伊東先生京都大學退休紀念會上，時值《凱因斯》刊行三十周年，我曾說過按當時的冊數，新書厚度約一公分，累積起來的高度有富士山高度的兩倍。現在，高度要達到富士山的二・二倍了。

另外，那一次我還說了稍微挖苦的話：現在是《凱因斯》刊行三十周年，也是岩波新書《熊彼得》（*Joseph Alois Schumpeter*）的企畫誕生二十五周年，然而至今仍不得見天日。其結果，伊東先生在得到根井雅弘先生的配合下，立即著手完成了《熊彼得——孤高的經濟學家》（一九九三）。這本書今天已經是第十刷，售出七萬三千冊。兩本書都長銷不衰，讓出版社獲得巨大收益。

第二，言歸正傳，伊東先生率先垂範，告訴我們經濟學本來的樣貌。我們出版社十二月將出版先生的著作選集「探訪伊東光晴經濟學」（共三冊），堪稱其學養的集大成。經濟學要面對各種現實問題，他向我們提供了如何有效應對，或必須應對的範本。身在容易陷入為理論而理論的學界，伊東先生走過的足跡，讓我深為欽佩。

第三，伊東先生自己在堅持理論聯繫現實的同時，對經濟學這門學問，其實比誰都更為珍視。因為他善為伯樂，始終致力於發現和培養年輕有才的研究者。

直到前不久，伊東先生還經常光顧我們出版社，親臨編輯部的房間。他對岩波的出版物提出嚴格的批評，同時還帶來「研究生某某君鋒芒畢露，正在從事某某研究」的訊息。

我只介紹有人應該覺得已過了時效的其中一例。就是剛才提到《熊彼得》時說到的根井先生。那是很久以前的事了，一次我接到先生的電話：「請您某月某日上午十一點半，到我京大的研究室來一趟。」我按照指定的時間去了，當時還是研究生的根井先生也在場。三個人一起去了京大會館用午餐。這時，伊東先生正式把根井先生介紹給我。然後，我絕不可能忘記的是，伊東先生不讓我付帳，說：「今天是我有求於你。」

以上，我一口氣講了三點，很難用語言把我受伊東先生的關照全部表達出來。我只希望先生永遠健康，一如既往地指導我們。

今天非常感謝大家！

那以後根井的活躍是有目共睹的。

講座的進化型

講座這一出版形式，是將本來專門辦給大學生的講座，公開給一般市民＝讀者，是在這樣的意圖下設計的。因此，可以說是以系統闡釋某學問為前提。岩波書店似乎開了先河。西田幾多郎編的「講座・哲學」、以野呂榮太郎為中心編纂的「日本資本主義發達史講座」等享有盛名。就我參與的講座而言，有「哲學」、「精神科學」、「新・哲學」、「現代社會學」、「文化人類學」、「心理療法」；就自然科學領域而言，「數學」、「物理學」堪稱岩波書店拿手的領域。

但是，除此之外就某個特定問題做講座，也逐漸得到大家的認同。因為隨著社會進化、日趨複雜，出現的問題不像過去單一學問就能對付，所以這類新講座，需要跨領域的專家參與形成總體結構，同時執筆人也要求由來自各領域的學者擔任。舉我企畫、編輯之例有：「轉折期的人」、「宗教與科學」、「科學／技術與人」、「天皇和王權的思考」。

世紀末的指針

「講座・轉折期的人」（全十冊、別卷一冊）於一九八九年六月啟動，隔年一九九〇年五月完結。擔任編委的有宇澤弘文、河合隼雄、藤澤令夫、渡邊慧四人。關於宇澤、河合、藤澤三位已有詳述，不再贅言。而物理學家渡邊慧，我想這裡需要多少說明一下。他是一九一〇年生，是國際知名學者。戰前曾執教於東京大學，在德、美有很長的研究經歷。也因與海森堡、維納等共同研究而知名。可以說在這個意義上，他始終處於物理學研究的先端。

世紀末的景況日漸濃重，一九八〇年代後期開始出現「二十一世紀人類向何處去？」這樣的話題。我邀請了經濟學、心理學、哲學、物理學的四位大家，就什麼是人的問題重新展開討論。可以說，哲學家藤澤給出了基本思路。

第二章已述及，我和藤澤經常小酌。關於二十世紀末人是什麼？向何處去？之類的大題目，即使在某個會議室嚴肅地提出來，也未見得有像樣的答案。在這個意義上，經常與藤澤小酌反而相當管用。加之年長的物理學家渡邊對藤澤的思想評價極高。所以，藤澤就用和我邊喝邊聊的語氣，不矜不伐地談現在的人處於何種狀態，自然科學的巨匠渡邊從旁補充，這個講座的基本路線就已經成形。在此基礎上，社會科學與人類科學兩位大家闡述各自觀點，是某種意義上的理想型討論。

然而回頭看，從確定最終方案到實現講座跨了四年。因藤澤、河合在京都的關係，編輯會議也經常移師京都。一次渡邊不顧高齡，自己駕車走東名高速來了。會開了三小時後，他稍睡片刻，又駕車回東京去了。記得我曾經感歎做大事的人就是精力充沛啊！

前述分工負責的內容，各編委在講座內容簡介冊上都歸納得當，現引述如下：

提示生存方式與價值觀的指針

藤澤令夫

人已經運用科技的力量，將從物質和生命的深層機制到宇宙空間，納入可操控和行動的範圍內，但因此也直接面對了與人類自身相關的各種危機和眾多嚴峻問題。二十世紀的終結也是西曆千禧年，人類現在不得不面對與此同步的重大知識與文明的轉折。

處在這樣的轉折期，我們該如何不被龐雜的資訊干擾，尋求人類生存方式和價值觀的指針？我們透過集合了各領域頂級的人士，希望提供思考的堅實基礎，正是出於這樣的願望企畫、編輯了本講座。

為開拓新的地平線

宇澤弘文

現在我們正處在一個重大的轉折期。第二次世界大戰後，伴隨科技的飛速進步，經濟組織是膨脹，國家越來越暴露出其利維坦（leviathan）的性格，維持政治、經濟的平衡變得極其困難。社會科學裡眾多領域所構建的既有典範已經失效，嚴重的危機正在發生。它既是科學的危機，同時也是思想的危機，甚至是人類的危機。

我們有可能闡明這個世紀末轉折期的意義，超越其思想斷層，開拓新的地平線嗎？本講座試圖集結我國最卓越的知識才智，回答這個提問。

創造豐富的宇宙觀

河合隼雄

現代與物質的富足相比，心靈的貧乏更成為問題。然而現代要直逼心靈問題，就需要努力超越這種簡單的物質與心靈的二分法。無論如何解剖人，都找不到「心靈」。或許也可以這樣思考：「心靈」普遍存在於一草一木、自然的每個角落。我希望針對心靈採取多角度的觀察，轉變思維方式，就算些微也好，去探索心靈這個神秘的存在。歸根結蒂，透過「心靈」的視角來看「世界」，應該可以創造出新的、更豐富的宇宙觀吧。

從世紀末的科學中可以延續什麼？

渡邊慧

用「世紀末」一詞，指出二十世紀末與十九世紀末的類似並不難。我認為是「完成感」與

「頹廢」的混合。就拿物理學來說，十九世紀末大多數的物理學家斷言，定律全部被發現之後，只剩下解決應用問題。然而本世紀物理學上大革命的萌芽，實際上在十九世紀末已經展現了蹤影。本講座召喚耆老、青壯精銳學者齊上陣。裡面必定隱含著二十一世紀大革命的萌芽。要識破它，則需靠讀者的知識嗅覺。

下面列舉完成的講座內容，講座最終定名為「轉折期的人」，此乃基於藤澤的主張。

1　什麼是生命？
2　什麼是自然？
3　什麼是心靈？
4　什麼是都市？
5　什麼是國家？
6　什麼是科學？
7　什麼是技術？
8　什麼是倫理？
9　什麼是宗教？
10　什麼是文化？
別卷　教育的課題

「講座・轉折期的人」的特色

以下，我選出若干能充分反映本講座特色的卷章，盡觀其詳。先來看第一卷《什麼是生命？》。

序 現在何謂「生命」？ 渡邊慧
I 對於人來說的生命
1 個體與多樣性：人的生命是什麼？ 青木清
2 大腦的功能：生物與人 伊東正男
3 人的生命特別嗎？：從遺傳基因看人 本庶佑
II 生命諸相
1 生命的起源：從物質的分子進化 松田博嗣
2 從分子的立場看生命：走近生存問題 齋藤信彥
III 生物・人・電腦
1 人性的起源：靈長類與人之間 伊谷純一郎
2 作為電腦看生命：發生、形態形成、智慧 神沼二真
3 建立新的資訊處理系統：生物電腦的必要性與其實現之路 松本元
4 機械的語言、人類的語言 長尾真

Ⅳ　多樣性與秩序　清水博
Ⅴ　科學與宗教的生命觀　柳瀨睦男

我向在自然科學前端工作的學人約稿。這個講座以降，仍得到本庶佑、長尾真、清水博諸位各種形式的支持。

接下來第七卷《什麼是技術？》，內容如下：

序　現在何謂「技術」？　藤澤令夫
Ⅰ　現代技術的動態與衝擊
1　核能的釋放與控制　高木仁三郎
2　生命體的操控　岡田節人
3　資訊機械與人　星野芳郎
Ⅱ　探究技術的本源
1　技術知識的相位與技術進步　小池澄夫
2　近代科技的起源與展開　村上陽一郎
3　技術與超技術　竹市明弘
Ⅲ　基本的對立圖式：分歧與統一
1　規則（Nomos）的分裂：作為製作行為的技術　山田慶兒

2　知識與社會秩序：法國革命時期一位技術軍官的肖像　富永茂樹
IV　現代技術的來歷與基本性格　中岡哲郎
V　為即將到來的技術文明制定戰略　坂本賢三

最後，我列示別卷《教育的課題》的內容：

序　現在何謂「教育」？　河合隼雄
I　教育的目的與理念
1　轉折期的日本教育　森嶋通夫
2　《愛彌兒》與盧梭：一個教育、政治理性批判　中川久定
3　現代社會與教育：「能力主義」的問題性　堀尾輝久
4　教育的現狀與課題：臨時教育審議會回顧　岡本道雄
II　教育的源流
1　古代希臘、羅馬的傳統：教育（paideia）的淵源　加來彰俊
2　中國：傳統的／革命後　竹內實
3　西歐近代：其留存的遺產　鶴見俊輔
4　關於日本的教育　色川大吉
III　教育的諸相

1　個性和能力培養：幼年期的情動教育　山中康裕
2　大學教育的使命　渡邊慧
3　教育和社會體制：杜威（John Dewey）、凡伯倫（Thorstein Veblen）、鮑爾斯和金迪斯　宇澤弘文

「最煩IWANAMI」的學者和他的著作集

在別卷中，我成功請出了森嶋通夫。大約直到二十年以前，森嶋常掛在嘴邊的是「我覺得蛋捲（omelette）、巨人、IWANAMI（岩波）最煩了」。還有一個擴展版是「我厭惡朝日新聞、IWANAMI、NHK」。也就是說，這些都有威權主義的臭味。在這個講座以前，我每次見到森嶋都央求出版他的著作集，因為他有大量沒有翻譯成日文的英文版著作。

森嶋看問題的視角獨特，見教良多。我經常請他們夫婦吃飯。每次聊得都很投機。但一提到著作集的事，他總是拒絕：「我活著期間只全力工作。不打算活著就出著作集。」然而，從開始提此事至今十幾年過去，他終於點頭了。實現夙願是在二〇〇三年，完結出版在二〇〇五年，這時森嶋已經過世了。

這樣的講座有人看嗎？如果說我全然不擔心，那是假的。所幸，雖然是嚴肅問題意識的講座，各冊平均售出近萬冊。一九九一年很快進行了第二次徵稿，合計起來冊數很可觀。

擔任主管時代的書目

一九九〇年我參與企畫、編輯的書目如下。我無法簡單地寫下「我編輯」，是因為這一年我當了編輯主管，投入到實際業務的時間越來越有限。

梅棹忠夫的《資訊管理理論》
筒井康隆的《文學部唯野教授》
磯崎新的《巴塞隆納奧運體育宮：巴塞隆納奧運建築素描集》
山田慶兒的《夜裡鳴的鳥：醫學・咒術・傳說》
羅森柏格（Suzanne Rosenberg）的《蘇維埃流浪：一個知識女性的回憶》（*A Soviet Odyssey*，荒KONOMI譯）
中村雄二郎的《哲學的水脈》
《梅耶荷德（Vsevolod Meyerhold）：肅反與恢復名譽》（佐藤恭子譯）
多木浩二的《寫真的誘惑》
貝倫德（Ivan T. Berend）的《歐洲的危險地區：探索東歐革命的背景》（*The Crisis Zone of Europe*，河合秀和譯）
木田元的《哲學與反哲學》
比斯利（William G. Beasley）的《日本帝國主義一八九四至一九四五：居留地制度與東亞》

（*Japanese Imperialism* 1894-1945，杉山伸也譯）

翌年一九九一年的部分也列於此：

磯崎新、多木浩二的《世紀末的思想與建築》
中村雄二郎的《形之奧德賽：表象、形態、節奏》
宮脇愛子的《沒有開始沒有結束：一位雕刻家的軌跡》
內田芳明的《生於現代的內村鑑三》
西垣通的《Digital Narcis：資訊科學先鋒們的欲望》
波瑞特（Jonathon Porritt）編的《拯救地球》（*Save the Earth*，芹澤高志監譯）
米勒編的《拉岡：佛洛伊德的技法論》
上（小出浩之、小川豐明、小川周二、笠原嘉譯）
下（小出浩之、鈴木國文、小川豐明、小川周二譯）
多姆霍夫的《夢的奧秘：塞諾的夢理論與烏托邦》（奧出直人、富山太佳夫譯）

一九九二年又是如何呢？

河合隼雄的《心理療法序說》

柯林斯（Randall Collins）的《脫常識的社會學：社會解讀入門》（*Sociological Insight: An Intr duction to Non-Obvious Sociology*，井上俊、磯部卓三譯）

伊里亞德（David Elliott）的《革命到底是什麼：俄羅斯的藝術與社會・一九〇〇至一九三七》（*New Worlds, Russian Art and Society 1900-1937*，海野弘譯）

持田季未子的《繪畫的思考》

河合隼雄等的《河合隼雄・其多樣世界：講演和學術研討會》

宇澤弘文編的《三里塚文選》

安迪、波依斯的《圍繞藝術與政治的對話》（丘澤靜也譯）

所羅門（Maynard Solomon）的《貝多芬》上（*Beethoven*，德丸吉彥、勝村仁子譯）

此外，還出版了國家地理協會編的「地球『發現』BOOKS」書系。

《祖母綠的王國：熱帶雨林的危機》（大出健譯）

《海與大陸相遇的地方：世界的海岸線與自然》（海保真夫譯）

《大地的饋贈：地球的神秘與奇異》（松本剛史譯）

《野生生存：被隱藏的生命世界》（羽田節子譯）

《看地球去：大陸的神奇自然》（大出健譯）

《荒蕪的地球：自然災害的一切》（近藤純夫譯）

《去未知的邊疆：世界的自然與人們》（龜井YOSI子譯）

在九月則啟動了「講座・宗教與科學」（共十冊、別卷兩冊）。關於這一點，另闢項後記。這裡談一下一九九〇至九二年單行本方面的特色。

俄羅斯文化的明與暗

羅森柏格的《蘇維埃流浪》、《梅耶荷德》，和伊里亞德的《革命到底是什麼》，均以前蘇聯的鎮壓和肅清問題為對象。撫育了雅各森、弗里曼，指明二十世紀的學問方向的是俄羅斯。儘管如此，革命政權的成立對於知識分子、藝術家絕非玫瑰色。我在潛意識中，對俄羅斯文化的明與暗兩面投入了強烈的關注。

《梅耶荷德：肅反與恢復名譽》由佐藤恭子擔任翻譯。她是佐藤信夫的妹妹。我與研究西方中世紀修辭學的信夫經常晤談。他的經歷與眾不同，大學畢業後做過法國化妝品公司之類的日本經理，後躋身學術，他的修辭學論饒有意味。

本書是莫斯科發行的戲劇雜誌《戲劇生活》在一九八九年第五期「梅耶荷德特集」的全文翻譯。佐藤恭子應邀出席了在莫斯科近郊奔薩市舉辦的第一屆梅耶荷德國際會議，我從她那裡聽說，決定出單行本。關於梅耶荷德毋需贅言，本書翔實記錄了他被判刑前後的情形，以及恢復名譽的經過。資料彌足珍貴，收錄了大量判決文章、信函等的照片。

與《梅耶荷德》同樣二十五開的《革命到底是什麼：俄羅斯的藝術與社會・一九〇〇至

一九三七》，由海野弘擔任翻譯。原書是David Elliott, *New Worlds, Russian Art and Society 1900-1937*, Thames and Hudson, 1986。包括三百多幀圖版，涵蓋了整個俄羅斯前衛派的重要資料。以下引用海野的〈譯者後記〉：

俄羅斯前衛派堪稱二十世紀之夢，而對於我來說則是青春之夢。我在早稻田大學學習俄羅斯文學，加入了蘇維埃研究會。當時，已經開始對馬雅可夫斯基（V. V. Mayakovsky）重新評價。我們無法滿足批判史達林的單一視角，而是追溯到前衛派起源的世紀末。雖然稚嫩，但著手對包括繪畫、建築在內的俄羅斯前衛派重新評價，在日本這個蘇研小組應該是最早的。我的畢業論文選題是別雷（Andrej Belyj）的《聖彼得堡》。

但是，後來我對世紀末涉入過深，無法回到俄羅斯前衛派去。一九八〇年「藝術與革命」展（西武美術館）決定在日本舉辦。我是最先得到消息的，然而由於視角不同，加上我自身的不成熟，最後沒能參加。懊惱之餘，我發心重新鑽研俄羅斯前衛派，能作為批評家自立，正是因為發生了這件事，我到現在都很感謝。

我重操舊業，找回自己的起點，首先撰寫了前衛派前史《聖彼得堡浮出》（新曜社）。正是這時，談到了為伊里亞德的翻譯。本書的特色是視野開闊。個別研究相當深入，但賦予整體鳥瞰圖，對什麼是俄羅斯前衛派、什麼是革命俄羅斯的敘述如此豐實的書，絕無僅有。圖版也引人入勝。

日本原有的俄羅斯前衛派介紹，不是缺乏就是迴避了社會背景的視角，僅止於設計的介紹，興味索然。這本書講述的是產生這些設計過程、驚心動魄的歷史和人間悲劇。

我能夠擔任這項工作，是託岩波書店大塚信一先生的福。這是我瞎猜，雖然我不曾提起，大塚先生找我做本書翻譯，是因為他記得我在「藝術與革命」展時的懊悔。我對他的深厚情誼，心感靡已。

海野說：「我對他的深厚情誼，心感靡已」，其實這正是我必須送給海野的話。當海野的著述活動剛剛起步時，他還在做平凡社編輯，我曾前往向他討教關於讀他的著作引起興趣的某件事。那時知道了我們同齡。此後近四十年間，我透過他的著作或直接地，向他單方面討教的物事難以歷數。

我退休以後，每兩、三個月和他見一次面，一聊就是五、六個小時。我得到了他全部百本以上著書的餽贈，而我得到的教益早逾百本著作。對此，我無以回報。儘管是這樣非對稱的關係，他待我的態度始終如初，我該如何謝他？

環境問題與「地球『發現』BOOKS」

波瑞特編的《拯救地球》，是以英國DK出版社（Dorling Kindersley）發行的原版*Save the Earth*為底本，在全世界同時翻譯成各國語言出版，是一本滿載了不可多得的地球精彩照片的大書。

本書書衣摺口印有以下文字：

當你購買本書時，費用的一部分將用於支援「地球之友國際」、特別是第三世界和東歐的活動，用於現在需求最迫切的環境宣傳基金。《拯救地球》也是對一九九二年六月，里約熱內盧召開的「地球高峰會92」做出貢獻的手段。屆時，各主要國家元首將蒞臨此次環境與發展的聯合國大會。而「地球高峰會92」的成功，是拯救地球的現實行動，你能做的說一千道一萬，不如使用本書所附的「行動包」加入到這個行列。

編輯波瑞特親自在世界各地奔走，開展本書的促銷活動。他也到了日本，還和岩波書店聯合舉行了記者會。雖然他只在日本短暫停留，我同他拜訪了贊助商清水建設總公司。記得日本全國中小學都購買了這本書，銷量可觀。

是年，我應邀訪美時，有機會走訪在華盛頓的國家地理協會本部。聽取協會幹部的介紹，真正領教了美國非營利組織（NPO）的實力。該協會發行的《國家地理》歷史悠長，當時發行量高達一千兩百萬冊。據說為了養這份雜誌，有五十名攝影師長年被派往世界各地。因此，主業雜誌帶來的副產品，是出版滿載美麗圖片和氣勢磅礴照片的各種單行本。我們選出其中七種翻譯成日文，這就是「地球『發現』BOOKS」。除國家地理協會以外，我還到了野生動物保護團體等兩、三家非營利組織，瞭解到他們都有堅實的經濟基礎，活動相當活躍，這些對我很有啟發。

《夢的奧秘》、《河合隼雄．其多樣世界》等

《夢的奧秘》針對居住在馬來半島西部的土著塞諾人，他們能自在地控制做夢，並應用於個人和共同體創造行為的一份人類學報告，並記述了一九六〇至七〇年代美國文化對此的反應，發人深省。

最終，人類學者史都華（Kilton Steward）被認為是「騙子」，本書對反主流文化時代的美國人，他們輕易被史都華以夢理論為媒介撰寫的關於現實多元性的論文矇騙的理由，做了透闢的闡述。

關於史都華的「論文」，最先告訴我的是英國文學學者由良君美。那時他告訴我，史都華的〈Dream Theory in Malaya〉一文，被收錄於*Altered States of Consciousness*（ed. by Charles Tart, John Wiley, 1969）一書。才子由良除了專業的英國文學以外，也興趣廣泛。在駒場的研究室，時常聽他說出讓人摸不著頭腦的話。而其父哲次則是曾經師從凱西爾（Ernst Cassirer）的哲學家，晚年深陷寫樂研究不能自拔，很有個性。

一九七四年春天在雜誌《圖書》上，由良君美與河合隼雄、加上山口昌男三人，就人文科學的新傾向舉行了對談（〈人文科學的新地平線〉，《圖書》，第二九七期，一九七四年五月）。這是長達十八頁的大型對談，然而無論出版社還是讀者方面，幾乎沒有什麼回響。只有中國文學大家吉川幸次郎親自對《圖書》A總編轉達說：「那篇對談很精彩。新的時代正在開啟。」我還深為吉川的敏銳而歎服。

順便將這個對談的小標題記錄如下。我認為，這對談呈現出對二十世紀最後四分之一世紀人文科學走向的犀利洞悉。

人文科學的再起步／古典物理學思考的終結／金絲雀般的人／清教徒主義的危險／與夢對話／邊緣與中心的模型／作為仲介者的治療者／浪漫主義的現實／作為深層模型的丑角／柯勒律治（Samuel Taylor Coleridge）與無意識／Basketto族的身體語言／解讀偶然性的技術／象徵政治學

對《河合隼雄・其多樣世界：講演和學術研討會》也順帶記述一下。

本書根據一九九二年三月六日在東京麴町的東條會館舉辦的研討會「講演和學術研討會・河合隼雄・其多樣世界」記錄整理而成。當天，研討會第一部分為河合的講演「現代人與心靈問題」，第二部分是以「河合隼雄這個人？」為題舉行研討會。今江祥智、大江健三郎、中村桂子、中村雄二郎、柳田邦男等人是論壇嘉賓，第二部分前半場首先由五位嘉賓分別就「河合隼雄和我」做十五分鐘的講演。接著，後半場河合加入進來討論。我當司儀。

這個企畫是為了紀念河合從京都大學退休，以及他的兩部著作（《心理療法序說》、《孩子和學校》，岩波新書）同時出版。當天從下午從一點到七點半共六個多小時的會議，時間在河合和論壇嘉賓幽默詼諧的討論中很快飛逝而過。聽眾爆滿，直到最後熱情不減。幾天後，我收到好幾位聽眾發自內心的感謝信，在這類研討會極少見，令人欣慰。

《心理療法序說》是早有準備的，這本書是河合在京大教育學部從教二十年的整體總結。我與河合在出版兩年前約定，他退休時出版這本書。本書〈後記〉是這樣結尾的：「我覺得心理療法在我國還剛剛起步。本書對今後我國心理療法的發展，若能夠盡綿薄貢獻，將是筆者最大的榮幸。一九九一年末著者」。

今天，每當發生重大災害、事故時，一定派遣心理治療師到現場。可見僅僅十五年間，心理療法已經確立了明確的學術地位。

另外，從二〇〇〇年到二〇〇一年期間，我們根據《心理療法序說》出版了河合隼雄自編的「講座・心理療法」（全八冊）。相信透過這個講座，心理療法研究者的人數和品質都將飛躍發展。

至此，我憶起包括「講座・精神科學」在內，河合不時對我提起的種種艱辛勞苦，不勝感慨。

高能研究所所長信基督

「講座・宗教與科學」（全十冊・別卷兩冊）在一九九二年九月起步，翌年八月完結。編委有河合隼雄、清水博、谷泰、中村雄二郎，編輯顧問為門脇佳吉、西川哲治。

其中我因為向清水博與西川哲治約稿「講座・轉折期的人」，彼此相熟起來。西川在第六冊《什麼是科學？》，就大科學命筆。我去取稿時的情景仍記憶猶新。我們在虎之門教育會館的茶房見面，我當場看了原稿。不知為什麼，讀西川的稿子感覺這位物理學家一定是基督徒。讀畢道謝後，我提出來不客氣的問題：「貿然請教一下，您是基督徒嗎？」西川答道：「是的。你怎麼知道的呢？」據他說，他有代替牧師說教的資格。當時，他是筑波高能研究所所長，他笑道：「我時常召集所員講話，看來還是說教的毛病不改啊。」從那以後，我們親近起來，工作以外也保持著交往。

因為高能研究所使用巨大加速器等的東西，預算金額也高得驚人。有一次，國際日本文化研究中心所長河合隼雄對我說：「在全國研究所所長會議上能見到西川先生，他常常有特殊待遇。人家花的錢，與文化類研究所有著天壤之別啊。」但是西川不入此類俗流，對理科類懵懂的我以各種方式接受啟蒙。

不久，西川就任東京理科大學校長，時不時與我聯繫。後來他介紹我認識大澤壽一（原任ＮＥＣ常務的技術者），大澤翻譯了他的朋友、也是矽谷企業家的科學家金茲頓（Edward L. Ginzton）饒有趣味的自傳《回憶的時光》（*Times to Remember: The Life of Edward L. Ginzton*，一九九七）。為了紀念這本書的出版，大澤把金茲頓送他的一張亞當斯（Ansel Adams）的著名照片（西耶斯塔湖〔Siesta Lake〕）贈送給我。此後，我與大澤持續工作以外的交流。人與人的交往，實在是不可思議。

二十一世紀的問題

我查了過去的記事本得知，「宗教與科學」講座的企畫本身始於一九八八年，而實際召集編委、編輯顧問一起開會，是進入一九九〇年以後。因為我經手了幾個講座，雖不能說駕輕就熟吧，但籌備起來也頗得要領。確定企畫之際最留心的，還是把握宗教與科學格格不入的關係。在這個意義上堪稱繼承上述河合隼雄《宗教與科學的接點》的企畫吧。其間的經過，中村雄二郎在講座的內容介紹冊中簡要歸納了一下，我引述如下：

> 二十一世紀在即，現在我們人類直接面對的是，幾百年一次的現實以及內部世界的劇變。而這件事最尖銳地表現在科學與宗教的介面。以往相當長時間，宗教與科學一直被看成對立和互相排斥的。然而，今天科學的射程覆蓋了從無限大的宇宙到微量子世界，科學也不得不面對生命與存在的根源這一種很宗教的問題系統。因此，宗教方面也必須回答來自科學動向的各種質疑。而且，圍繞生命與存在根源的問題，不僅是原理性的，更是立即與我們的生活或政治、社會的方向密切相關的。希望這個講座成為跨世紀的紀念碑。

河合隼雄這樣寫道：

人背負著如何理解自己出生的這個「世界」的課題。古典神話對此提供了解答，在這個意義上「宗教」支配了人。近代歐洲興起的自然科學，將人從宗教的完全控制中解放出來。但是，在科學幾乎篡奪了宗教地位的今天，人開始認識到科學知識的危險性和侷限。宗教與科學不是互爭高下、相互詬病，而是透過相互對立又互補、克制的「對話」，找到建設之道，這樣的覺悟在人們中間逐步形成。本講座正是由活躍在各領域第一線的人們進行這種「對話」的嘗試。

這樣的問題意識探討的結果，即是以下的全卷結構：

1　宗教與科學的對話
2　歷史中的宗教與科學
3　科學時代的諸神
4　宗教與自然科學
5　宗教與社會科學
6　生命與科學
7　死的科學與宗教

8　身體・宗教・性
9　新宇宙觀
10　人的活法
別卷1　「宗教與科學」必讀文獻……日本篇
別卷2　「宗教與科學」必讀文獻……外國篇

「講座・宗教與科學」的內容

下面具體看幾卷的內容。首先，第一冊關於《宗教與科學的對話》。

序論　對話的條件　河合隼雄
1　作為論點的「生命」　清水博
2　宗教與科學：探索分歧的介面　谷泰
3　科學的言語・宗教的言語　村上陽一郎
4　從宗教者到科學者：喚醒危機意識　門脇佳吉
5　科學的反思與對宗教的期待　垣花秀武
6　關於天主教　柳瀨睦男
7　關於新教　倉松功
8　關於佛教徒　武藤義一

9 關於日本人　山折哲雄

接下來看第六冊《生命與科學》。

序論　從生命科學看生命　清水博
1 生命的多樣性：從關係的總體論看生物集群及其進化　川那部浩哉
2 烏洛波洛斯（uroboros）：生命的臨界理論　郡司PEGIO＝幸夫
3 對談「從發現看生命」　鹽川光一郎
矢野雅文
4 細胞生物學的最前沿　和田博
5 生命與節奏　山口陽子
6 生物的自律性　鈴木良次
7 作為故事的生命　中村桂子
8 生物的資訊與意義：「自然這本書」能夠解讀嗎？　高橋義人
9 氣的科學　湯淺泰雄

最後，看第九冊《新宇宙觀》。

序論　現代文明與神聖的物事　谷泰
1　啟示文學末日論的可能性　近藤勝彥
2　現代物理學的宇宙觀　佐藤勝彥
3　基本粒子與宇宙　佐藤文隆
4　不規則碎片形（fractale）與混沌　山口昌哉
5　跨上珀伽索斯（Pegasos）的猴子：尋求「心靈座」　松下正明
6　環境學與新地球觀　古谷圭一
7　都市化與宗教：宗教社會學、神學、都市符號學　高柳俊一
8　理想國的未來　菅野盾樹
9　密教的宇宙與象徵　松長有慶

以上僅舉幾冊，已經出現如此眾多的自然科學研究者。「講座・轉折期的人」也是向自然科學研究者邀稿，但是人不多。記得除非赫赫有名的大家，否則為這類講座邀稿很困難。也就是說，以實證研究為第一要義的自然科學，就「什麼是生命？」、「什麼是科學？」之類大題目撰寫論文的機會一定不多。然而，近十年間事態發生了改觀。

後面將述及「講座・科學／技術與人」，對自然科學者、工學者好像就沒有這麼多顧慮了。科學、技術發展到今天，社會與人或與價值、倫理的關係，已經不容忽視。這套「講座・宗教與科學」，在業務上亦相對取得了成功。

2　從《中村雄二郎著作集》到《想安樂而死》

不同主題的講座

一九九三年一月開始發行《中村雄二郎著作集》（全十冊）。著作集是中村自選，梳理了他三十年來哲學思索的軌跡。

1　情念論
2　制度論
3　言語論
4　方法序說
5　共通感覺
6　感傷論
7　西田哲學
8　編劇法
9　術語集・問題群
10　拓撲斯論

如上述般總結之際，中村在著作集的內容簡介冊〈著者的話〉中記道：

我在廣義的「哲學」領域耕耘多年，值得欣慰的是，自己的著作得到了廣大讀者的支持，同時從事各種專業領域研究、實踐的人們，敏感地接收了我發出的訊息。我認為「世上沒有與人有關，而與哲學無關的事物」，一方面又下決心「自己無法承擔責任的事不寫」，順其自然走過來也許是對的。將問題的擴展藉由「自己」歸納，得以在變動的時代中進行了理論上的整合。著作集以不同主題構成，與此不無關係。我與現實相涉的方式，在各時期中浮現了不同的主題。思考問題的過程，又是順著不同主題展開的。體例好比一個人主持的講座，我衷心希望其結果，我的意圖能得到整理，以便更好地傳達到每位讀者心間。

另外，我在內容簡介冊的〈刊行辭〉中寫道：

中村雄二郎先生，是在經濟高度增長以降、激烈動盪的我國思想界，展開最精彩而扎實的思索的哲學家。敏思與豐富的感性使他始終引領著時代，他旺盛的著述活動定位在哲學傳統中，但早已覆蓋了從哲學、心理學、精神醫學、生命科學，到醫學現場以及包括戲劇的藝術各領域，產生著廣泛而深遠的思想影響。而體現其思想的「共通感覺」「拓撲斯」「臨床的知」的核心題目，揭示了在不確定時代新穎、豐富的世界認識的可能性，這正是他的著作包括數冊暢銷書，能在讀者中引起強烈反響的因素。

本出版社繼西田幾多郎、和辻哲郎、九鬼周造、三木清等日本具代表性的哲學家全集，本次以新形式陸續刊行中村雄二郎先生三十餘年業績的集成，令人大喜過望。衷心希望更多的讀者能基於自己的立場，從他的思想源泉中汲取思悟的食糧。

我從事出版工作四十年間，參與出版了中村雄二郎、宇澤弘文、河合隼雄、大森莊藏、上田閑照、荒井獻、藤澤令夫、森嶋通夫的著作集。我深以為豪。因為我相信，出版的工作就是與優秀學人的知識與智慧創造為伍，並將它們保存、傳承下去。

小小石佛的庭園

這裡，我想提及上述與著作集有關諸位中的上田閑照。此前一直沒有機會談到。上田在《我是什麼？》（岩波新書，二〇〇〇）的〈後記〉中有如下的記述。這本新書是新書編輯部Y經手的。

那是多年前，我和當時的編輯部長大塚信一（現社長）交談中，浮現出「我是什麼？」的主題的。以後一有機會與大塚先生交談，我就向他訴說我在這個問題上的思慮、我要考慮什麼，後來他約我寫「新書」。我也有心寫，可日子卻一天天地流逝。順便說一下，大塚先生是三十年前第一個找我的岩波書店編輯。這次邊寫此稿邊想著箇中因緣。

正如引文中提及的，我在三十多年前去拜訪過上田。當時讀到上田的論文〈禪與神秘主義〉，收錄在《講座禪》（筑摩書房，一九六七）第一卷，眼前頓時豁然開朗。論文透過對德國神秘主義者艾克哈（Meister Eckhart）與禪的比較，描繪出禪世界的輪廓。

之後，我一直在尋找搬出上田的機會。但實際上向他約稿還是比較近期的事。進入一九九〇年代，我接連不斷地找到上田參與工作。包括參與講座「宗教與科學」、「日本文學與佛教」、「現代社會學」，並出版了《禪佛教：根源性的人》（同時代叢書，一九九三）、《西田幾多郎：人的一生》（同時代叢書，一九九五）等著作。

而上田夫人真而子，一直在兒童讀物翻譯上給予我們全力支持。包括理希特（Hans Peter Richter）的《那時有弗里德里希》（*Damals war es Friedrich*，一九七七），安迪的《講不完的故事》（一九八二，合譯），或《小鈕釦傑姆和火車司機盧卡斯》、《小鈕釦傑姆和十三個海盜》（均為一九八六年）等不下十冊吧。

我曾幾次到比叡平的上田宅拜訪這對夫婦。開著各種野花的庭園裡，有一尊不起眼的小小石佛，我感覺它恰恰表現了這對夫婦平易近人的氛圍。上田的著作集由那位資深編輯N擔當。

《都柏林的四人》等

一九九三年我企畫、編輯的單行本，除前述所羅門的《貝多芬》（下）以外，其他四種記述如次：

藤澤令夫的《世界觀與哲學的基本問題》

埃爾曼（Richard Ellman）的《都柏林的四人：王爾德、葉慈、喬伊斯和貝克特》（*Four Dubliners: Oscar Wilde, William Butler Yeats, James Joyce, Samuel Beckett*，大澤正佳譯）

河合隼雄的《講演集・故事與人的科學》

宇澤弘文的《跨越二十世紀》

埃爾曼的《都柏林的四人》在《赫爾墨斯》上分數次部分發表過。埃爾曼是美國文學研究者，論述難以對付的王爾德、葉慈、喬伊斯和貝克特，能如此妙趣橫生、令人興奮的批評家實屬罕見。至少我讀了埃爾曼的《葉慈：人與假面》（一九四八）和《喬伊斯》（一九五九，一九八二年修訂版），以及埃爾曼去世那年發行的《王爾德》（一九八七）三部大作，完全被葉慈、喬伊斯和王爾德的世界懾服。

《都柏林的四人》也是與《王爾德》同年出版。大澤正佳以日語完美地展現了埃爾曼筆下都柏林四人的特異世界。對於愛好文學的讀者，我必薦此書。

都市論的可能性

一九九四年儘管我參與出版了中村雄二郎的《惡的哲學筆記》、大岡信的《一九九〇年前夜後朝譚：近代文藝豐盈的秘密》、安藝基雄的《一個臨床醫師的人生》，但在單行本方面並無其他建樹。

一九九五年我雖然參與了以下單行本的出版，但是自己編輯的只有藤澤的一本。其他都是資深編輯T、S、K、S（君）擔任責編的。

維森伯格（Robert Waissenberge）編的《維也納・一八九〇至一九二〇：藝術與社會》（*Wien* 1890-1920，池內紀、岡本和子譯）

山田慶兒、阪上孝編的《人文學剖析：學問在現代日本的可能性》

藤澤令夫的《「好好活著」的哲學》

羅特斯（Eberhard Roters）編的《柏林・一九一〇至一九三三：藝術與社會》（*E Berlin*, 1910-1933，多木浩二、持田季未子、梅本洋一譯）

山口昌男的《「挫折」的昭和史》

山口昌男的《「敗者」的精神史》

井上有一的《東京大空襲》

盧瑟史密斯的《二十世紀美術家列傳》（*Lives of the Great 20th Century Artists*，篠原資明、南雄介、上田高弘譯）

關於《維也納・一八九〇至一九二〇》和《柏林・一九一〇至一九三三》，需要略加說明。這些都是從瑞士出版社Office du Livre策畫出版的都市系列中選出翻譯的。其他也有像《紐約・一九四〇至一九六五》、《莫斯科・一九〇〇至一九三〇》等很想翻譯出版的，但是沒能談成翻譯權。本打算在「叢書・旅行與拓撲斯精神史」基礎上，再推出一批正宗的城市論，但很遺憾沒能實現。

爭取這套書的翻譯權過程中，我曾認真地想出東京論主題的書。記得還跟多木浩二、海野弘等人商量過。至今我仍認為，與國外充滿魅力的城市並列，有一套滿載圖版、資料的東京（江戶）、大阪、京都等的城市論理所應該。

正如前述，《二十世紀美術家列傳》的著者盧瑟史密斯也是《一九三〇年代的美術》的著者。

活版最後的工作

一九九六年，服部四郎編的《羅曼・雅各森：結構音韻論》（矢野通生、米重文樹、長嶋善郎、伊豆山敦子譯），經過相當長時間終於問世。這本大二十五開的學術書，在種種意義上給人留下難忘的回憶。

第一，編者服部在前一年的一九九五年過世，而本書長篇的〈前言〉早在一九八七年十月脫稿。文中，服部介紹了他不大表現的與雅各森包括私交、從一九五一年以來的過從。而雅各森本人於一九八二年七月以八十七歲辭世。

第二，本書包括十四篇雅各森論文的日譯，為一九二九到五九年期間發表、毫無疑義的主要論文。例如〈關於俄語音韻進化的考察〉、〈標準斯洛文尼亞語音素論備忘錄〉、〈關於音素的結構〉、〈斯拉夫語比較音韻論〉、〈寄語使歐亞大陸語聯合的特徵化〉等等。而這些論稿都是用法、英、德、俄各國語言撰寫的。

第三，本書是活版印刷最後的一本（就精興社而言）。那令人懷念、躍然紙上的活字印刷，從此便絕跡了。令人嗟歎。但一個編輯能夠親歷活版印刷的謝幕，又十分光榮。以編者服部逝去為契機，譯者們付出了十二分的努力，總算付梓。我自己在本書出版之際，也有如釋重負的心境。雖然要面對各種難題，但我的工作與雅各森和服部四郎兩位語言學大家相關，作為編輯是幸福的。

同時，三十幾年前我一個新來乍到的編輯，僅憑自己的感覺創下對快完成的「講座・哲學」方案加進《語言》卷的「壯舉」，其後三十年就像為彌合這種「歉疚」，孜孜以求地出版了索緒爾、雅各森、特魯別茨科伊、葉爾姆斯列夫（Louis Hjelmslev）、杭士基等語言學方面的著作，並編輯了大量由此產生的符號學圖書，一時思緒縈迴，連自己也禁不住苦笑。

小兒科醫生的安樂死論

一九九七和一九九八年，我出版了松田道雄的著作《想安樂而死》和《幸運的醫生》。我第一次見到松田並不早，大約在十年前。那是陪同岩波雄二郎（當時的會長）參加盂蘭盆節致候，有機會與松田、奈良本辰也共進晚餐。別看松田、奈良本兩人一把年紀，食量健旺，能吃能喝。大雨中，我把酩酊踉蹌的松田送回他家夷川街小川東入的一幕，彷彿就在眼前。

從那以後，我常去訪問松田。因為他的想法很吸引人。之前負責松田的編輯，不是《育兒百科》就是新書編輯。這些編輯，理所當然談的是育兒或小兒醫療的話題。新書《我是嬰兒》、《我兩歲》等，自刊行至今，長銷不衰。

但是，晚年的松田對於人的生死，構建了獨樹的哲學。我主要分管哲學、思想領域，對他獨到的哲學非常關注。松田也願意對我這個對他想法感興趣的人，細細地鋪陳他的思想脈絡。例如，他對自然法的關注和研究之深令人驚異。我感覺他的思想根基是虛無主義。他曾經信奉的社會主義崩潰的事實，使他的虛無主義陷得更深。然而，他的萬事皆空、一切行將毀滅的虛無主義，最後歸結為只靠自己的自我尊嚴的思想方式。

對於年事已高的松田來說，最大的問題莫過於人如何迎接有尊嚴的死。由此到關注「安樂死」只差一步之遙。批判老齡醫療的延命至上主義，提出生死抉擇誰做主的就是這本《想安樂而死》。《幸運的醫生》是松田去世後，我彙集了他在《圖書》、「講座・現代社會學」等發表的文章，編輯出版的。內容有〈幸運的醫生〉、〈老的思想〉、〈老有所樂〉、〈老的周邊〉。最後附早川一光、大日向雅美、飯沼二郎、多田道太郎、鶴見俊輔、松尾尊兊等人見諸各大報端的悼念文章。以下，引述一段〈老的思想〉中的「我的虛無主義」。

到了八十七歲，我的虛無主義益發刻骨銘心。

（中略）

在〈我的虛無主義〉中，我更加痛切的是一切皆空，人的生命無非是浮雲。

朋友大都走了。昨天也走了一個。什麼時候輪到我，都不奇怪。

（中略）

我該做的已經做了，可以說客觀地看什麼時候死，對世界大勢都無關礙，然而人越上歲數，越不能客觀。能讀活字期間，能聽錄音帶期間，能看錄影期間，都還想活著。

正因為一切皆空，所以想用人的創造來填補。能做到這一點的自己的生命，是唯我個人的。不想交給別人去操縱。

即使生病，也不想住進醫院任憑年輕醫生擺布。我認為大腦皮質停止功能就是死，與他們認為的全腦功能停止是死、只要腦幹還活著就不停止治療的想法不同，因為見解不同自然合不來。

死後收到的信

一九九八年五月三十一日，松田道雄去世了。我接到消息是六月三日清晨。那一天，我作為日中文化交流協會訪華團的一員要去中國。在成田機場擬就一大篇唁電稿，囑秘書室發去。當天下午，我從北京貴賓樓飯店的客房，憑窗眺望故宮一片金燦燦的屋頂，沉浸在松田家與他無數次交談的回憶中。

六月十二日晚，我回到成田機場接到秘書室來的電話：「收到松田先生給您的信。要現在拆開念給您聽嗎？」我說：「是快遞還是平信？不是快遞不用拆。」因為松田給我的信，一律用快遞。即使一張明信片就能解決的瑣事，也用快遞。所以我斷定，平信擔負著不同尋常的意義。第二天進辦公室，我打開松田的信。不出所料，信上的內容是這樣的。

大塚信一先生

一直以來受您的各方照應

非常感謝

一九九八（年）五月三十一日

松田道雄

最後，我從《幸運的醫生》中引用一段早川一光的悼念文章。

他於五月三十一日深夜，因突發心肌梗塞昏迷，在親人的守護中離去。我作為主治醫生，也一直注目這個情景。

我從先生的死法，看到了歌舞伎《勸進帳》收場的一幕。

松田先生，在明知道那是義經卻要寬宥一切、做好赴死精神準備的富樫目送下，輕輕頷首，孤身一人一個漂亮的亮相，踏著六步從花道上消失了

不知從何時開始，每次見到松田，他一定問：「令尊可好？」與他同庚的家父也於去年（二〇〇五）底過世了。

3　為迎來二十一世紀的若干嘗試

用大命題做文庫版

一九九五年，「二十一世紀問題群BOOKS」系列起步了。編委青木保、佐和隆光、中村雄二郎、松井孝典等人彼此瞭解，所以討論非常活躍。二十世紀即將結束，二十一世紀迫在眉睫，這時關注與

千年單位有關的人類史的問題意識居多，而松井孝典卻從宇宙、地球、生命的開闊視野展開議論，提出了完全不同的問題。

用他的話說：「現代，即因農耕畜牧的開始，地球系統中分化出人類圈這個子系統的時代，二十一世紀，即決定持續膨脹的人類圈能否作為穩定的存在在地球系統中維繫的世紀。換一個角度來說就是，從人權還是環境這樣的與人類圈內部系統構建相關的選擇問題，到還原論分析還是複雜系統動態分析這樣的與科學範式相關的問題，在所有意義上要重新審視個體與總體的關係。」正因為如此，四個人的討論不可能乏味。問題本身相當緊迫，經過多次愉快而自由的討論結果，確定了下述計畫：

1　中村雄二郎的《二十一世紀問題群：人類向何處去？》
2　大岡玲的《人生價值的追求（Quest）一九九六：以小說的形式》
3　石田秀實的《學習死》
4　花崎皋平的《個人／超個人的事物》
5　佐伯啟思的《意識形態／脫意識形態》
6　松井孝典的《講地球倫理》
7　佐藤文隆的《科學與幸福》
8　吉川弘之的《技術的走向》
9　鷲田清一的《為誰工作？——超越勞動 vs. 餘暇》

10　西澤潤一的《教育的目的再考》
11　上田紀行的《宗教危機》
12　中川米造的《醫療的原點》
13　原廣司的《都市／交通》
14　大平健的《拒食的喜悅、媚態的憂鬱：意象崇拜時代的食與性》
15　新田慶治的《生活空間的自然／人工》
16　岡本真佐子的《開發與文化》
17　竹內啟的《人口問題的難題》
18　青木保的《國家／民族為單位》
19　最上敏樹的《超越聯合國系統》
20　佐和隆光的《資本主義的再定義》
21　內田隆三的《這樣那樣的貧與富》
22　土屋惠一郎的《正義論／自由論：無緣社會日本的正義》
23　西垣通的《神聖的虛擬、現實：資訊系統社會論》
24　松田卓也的《正負理想國：關於人類未來之考察》

各冊三十二尺寸平均二百頁，文庫版系列。關於7佐藤文隆著的《科學與幸福》已經記述。正像佐藤承諾的一樣，吉川弘之就技術，西澤潤一就教育，中川米造就醫療，竹內啟就人口問題，內田隆三就貧與富，土屋惠一郎就正義與自由，西垣通就虛擬、現實供稿。其他作者也都在有限的篇幅內，嚴肅地面對了大命題。這個系列贏得了廣大讀者。遺憾的是原廣司和青木保，因故無論如何沒能完成。

未曾謀面的著者

關於這個系列，有幾冊書已見前述，這裡我只想提石田秀實的《學習死》一冊。這個題目本來是向山田慶兒約了稿。我與山田從《思想》時代就開始打交道，到京都兩人常見面敘談。雖然山田欣然允諾，但要動筆時不料病倒了，於是推薦同樣搞中國思想史的石田秀實。

石田是一九五〇年出生的年輕研究者，但沉疴在身。以下從〈後記〉引用他自己的話：「對於我——藉由透析這樣的高超醫療，用別人的身死比常人多活幾倍的人，寫本書恰似揭露自己生命的矛盾的作業。兩年前應該身死的我，仍然大言不慚地活在世上，就是因為我揪住不放的『幻象中的我』。」本書從兩千兩百年前的中國「秦始皇」期冀長生不老寫起，一小冊充滿大氣魄。

本書出版後，我打算對短時間內「一個下筆遲緩的人，居然以自己都愕然的速度寫成本書」（〈後記〉），且尚未謀面的作者致謝，到九州石田家訪問都約好了。然而，就在定好日子這一天，安江良介社長病倒，不久我必須就任代理社長。結果，直到今天，我一次也沒有與石田見面。在漫長的編輯人生中，自己邀稿的筆者不曾謀面，這是唯一的一次。十分慚愧。但是，那以後我也得到了他的贈書，藉由書信往來保持著宿好的情誼，堪稱奇緣吧。

充實戰後引進的學問

一九九六年十一月，「講座・文化人類學」（全十三冊）開始了。編委有青木保、內堀基光、梶原景昭、小松和彥、清水昭俊、中林伸浩、福井勝義、船曳建夫、山下晉司。這個講座是系統展示一門學問的成果和水準、本來意義的講座。我最先與青木保商量，沒想到青木對做講座很謹慎。號稱文化人類學研究者的雖不少，但是學問水準是否堪比其他學問呢？這似乎是他抱持慎重論的根據。

但是從結果而言，由於編委和撰稿人的努力，看到戰後引進的學問成長起來，足以拿出內容充實的講座，仍令人感動。此前活躍的是從石田英一郎、泉靖一開始，直到山口昌男、川田順造等，幾位優秀的文化人類學者。話雖如此，基本上仍是一個講個人實力的領域吧。全卷結構如次：

1　人的再發現
2　環境的人類誌
3　「物」的人類世界
4　從個體的社會展望
5　民族的生成和邏輯
6　糾紛與運動
7　遷徙的民族誌
8　異文化的共存

9　禮儀與表演
10　神話與媒體
11　宗教的現代
12　思想化的周邊世界
13　文化這一課題

可見以往文化人類學忽略的、關於「人」的新概念提示，對糾紛、發展、觀光等新問題的關注。應該是對一門學問發展脈絡的釐清。本講座的衍生書系「現代人類學的射程」（共八冊，其中一冊未刊），一九九九年開始發行。均由I君擔任編輯。

為了社會科學的再生

一九九五年十一月開始推出「講座・現代社會學」。編委有井上俊、上野千鶴子、大澤真幸、見田宗介、吉見俊哉五位。我偕資深編輯T君到東大駒場校園訪問見田研究室，請他組織正規的講座，這是事情的緣起。見田宗介以挑選優秀年輕人任編委為條件欣然接受了。那是一九九三年六月初的事。

以後，多次召集五位編委開會。個性一騎當千的編委激烈交鋒，堪稱奇觀。其結果確定了全二十六冊、別卷一冊的結構。

1 現代社會的社會學
2 自我・主體・自我定位
3 他者・關係・溝通
4 身體與間身體的社會學
5 知識的社會學／語言的社會學
6 時間與空間的社會學
7 「聖潔事物／被詛咒事物」的社會學
8 文學與藝術的社會學
9 生活路線的社會學
10 性的社會學
11 性別的社會學
12 孩子與教育的社會學
13 成熟與老的社會學
14 疾病與醫療的社會學
15 歧視與共生的社會學
16 權力與統治的社會學
17 饋贈與市場的社會學
18 都市和都市化的社會學

19「家族」的社會學
20 工作與娛樂的社會學
21 設計・式樣・時髦
22 媒體與資訊化的社會學
23 日本文化的社會學
24 民族・國家・種族
25 環境與生態體系的社會學
26 社會構想的社會學
別卷 現代社會學的理論與方法

這個超乎尋常的「大部頭」講座出書後再看，各卷內容充實，論稿競相媲美。治學傳統擅長的領域畢竟不俗，讓人服氣。其中也熱議了身體、社會性別、老、病、設計、資訊化、環境等新主題。另有「社會構想」卷，也是其特徵。我感覺作為編委共同的問題意識，不僅為了社會學，也為再生低迷已久的社會科學，這層含義恐怕更深。

前述所有講座均為預約出版，而這套講座則採取了分冊銷售。我們判斷冊數多且主題分散，對於讀者非全套預訂一定更方便。其結果，儘管各冊之間多少有些參差，但全冊加印，贏得了讀者。最終回發行是全體編委執筆的第一卷，於一九九七年六月刊行出版。最近，見田宗介為岩波新書撰寫《社會學入門：人與社會的未來》（二〇〇六），其中看到他也提到了這個講座，我又懷念又歡喜。

與網路結合

一九九八年開始了新嘗試，結合出版與網路。這是以中村雄二郎的岩波新書《術語集II》為材料，推出了「面向二十一世紀的關鍵字・網路哲學廣場（agora）」（全八冊）系列。先引用登在本系列各冊卷首上，中村〈給開辦「網路哲學廣場」〉的文章。文章略長，但精鍊地歸納了建立此系列的經緯。

岩波新書《術語集II》的作者中村雄二郎。岩波書店1998年首度將此作品與網路結合出版。

此次，在岩波書店網路的主頁，決定以拙著《術語集II》（岩波新書）為素材，開辦「哲學廣場」。老實說，我對事情意想不到的進展也很吃驚。

在《術語集II》的〈後記〉，我確實將這本書定位為「網路以後的『術語集』」。然而，這時的主旨如下：網路時代，由於電子郵件的出現，溝通更簡便自如了，可是因此語言的使用也跟著窳劣、模糊不清起來。所以就各類關鍵字，也應細細品較、謹慎使用。

這樣寫書時的心情是，在網路時代，活字本的意義和作用反而鮮明起來，也想使它鮮明，當然「活字本」的作用並非不存在了。

這時，岩波書店的智者們居然提出讓《術語集II》登上網路，開設「哲學廣場」。邀請各領域專家和廣大一般讀者參加，圍繞各種用語來一個繁弦急管的大討論。還說，以此為基礎出《術語集II》的升級版本。

網路實用化以來，名目繁多的網頁讓人眼花撩亂，卻沒有這種類型的。不僅日本，世界上恐怕也絕無僅有。如果它能取得成功，不僅全世界日語學習者，包括各種語言的參加也不是夢想吧。為此，至少必須盡快準備一個《術語集II》的英語版本。

通過電子郵件進行的語言交流，在溝通上有增加模糊概念之虞，反之極有可能創造作為溝通手段的書面語的新模式或平台。所以，也許由此誕生「活哲學」的新模式。

然而，談這些之前，在數位化使我們的物質、精神生活發生質變的過程中，要求我們發現並共有網路時代的「常識」。進入網路時代，許多人都在探尋，我們的時代或社會的常識是什麼或應該是什麼？希望能夠在這個Corner確認並成形。（後略）

接下來，轉載該書系內容樣本上刊登的「特色」。文章雖然出自編輯部之手，但我覺得充分傳達了新書系的特色。

＊全新嘗試的書系，以哲學家中村雄二郎先生為網主，實現了網路與出版組合。
＊嘗試以此書系圍繞迎向二十一世紀的我們所需要面對的重要而基本的課題，邀請活躍在各領域第一線的學人做嘉賓，由中村先生與各位嘉賓展開網上討論。討論在網上公開，聽取網

友的意見，以便共同重構今後的「知識框架＝常識」。

＊然後，重新整合這些成果（公開討論和收到的意見）形成本書系。

＊並附上CD。包括影像、畫面、聲音、與全球的鏈結，是以多媒體為前提的內容，為了將既有活字媒體與多元資訊鏈結，進行的與網路混合媒體化的嘗試。

在此基礎上，全八冊的內容記述如下（括弧內為嘉賓）。

1 生命（池田清彥）
2 宗教（町田宗鳳）
3 哲學（ITOSEIKO）
4 死（小松和彥）
5 脆弱（金子郁容）
6 日本社會（上野千鶴子）
7 文化（姜尚中）
8 歷史（野家啟一）

這個企畫是我與前敘「講座・文化人類學」的責編I君交談時，突然冒出來的想法。I君很早就指出網路的重要性，開展了「叢書・網路社會」等開拓性工作。I君說過：「岩波書店的財產，就沒辦法利用網路發揚光大嗎？」結果，我想到了中村的《術語集》。以岩波新書的關鍵字為素材，讓作者與讀者展開網上討論。雖說如此，只是七嘴八舌，討論無法收拾。所以按照主題請專家介入，這樣一般讀者也更容易參與，基於這樣的考慮促成了這個系列。

我後來應邀參加了一個研究會，介紹了「從一本小小的岩波新書，利用網路衍生出八冊三十二開的書」，令聞者咋舌。據I君說，一般讀者的鏈結也非常踴躍。想來，對於與中村展開網上對話的各位專家來說，新嘗試也很刺激吧。

本系列無論對誰都是全新的嘗試，讀者當然也不知所措。所以系列並未熱賣。但我認為，它的企畫自有新意。這個選題的成立，是中村以及參與網上對話的嘉賓和讀者、I君所付出努力的結果。因為每冊都需要與中村交換意見，費時費力，二〇〇〇年才出齊。

重新叩問近代日本

一九九九年，推出「近代日本文化論」（全十一冊）。雖然不叫系列也沒有命名，但是內容相當於叢書。用廣告詞的說法，本策畫的目的如下：「什麼是近代日本？日本人是如何接受並創造了文化？本系列將在文化、社會領域中發掘嶄新的主題，構思與以往歷史圖像截然不同的日本近現代史。這裡將重現近代日本的多樣面貌。」編委有青木保、川本三郎、筒井清忠、御厨貴、山折哲雄。叢書結構如下：

1　對近代日本的視角

2　日本人的自我認識
3　高雅文化
4　知識人
5　都市文化
6　犯罪與風俗
7　大眾文化與大眾傳媒
8　女性文化
9　宗教與生活
10　戰爭與軍隊
11　愛與苦難

各卷論稿以散文形式完成，不用講座式的論文語氣。這一點，與「叢書・文化的現在」類似。舉一例。中澤新一在第九卷《宗教與生活》中，撰文〈伊甸園的大眾文學〉。中澤就如何理解人的宗教性這一主題，引述了他的導師柳川啟一的話。當時，柳川與脇本平也等都在東京大學執教宗教學，授課時對他的研究生中澤說過這樣的話。例如，假設美國人對宗教的感性是透過電影理解的，那麼與其講《十誡》（*The Ten Commandments*）、《萬王之王》（*King of Kings*）之類宗教味十足的東西，不如討論《火燒摩天樓》（*The Towering Inferno*）等娛樂作品更適合。中澤接過來說，自己也願意從世俗中讀取通向神聖的志向，推展議論。

中澤新一，後來在宗教學大放異彩。

說到柳川啟一，讓我憶起舊事。那是我在編輯現代選書時期。我透過翻閱外國出版社的目錄或英文書評頁，將自己看中的書都弄來，並取得「優先權」（參照第三章）。其結果，我手頭總有一堆外文書。英語書自己能湊合做出判斷，其他語種就沒辦法了，所以採取請信得過的幾人把關的方法。關於宗教學類圖書都徵求柳川的意見。

我大約每三個月去一趟柳川的研究室，請他對一、兩冊外文書特別是法語書提出看法，之後兩、三周之內肯定還給我，並附上精彩的內容介紹和一篇無懈可擊的周到評語。一開始，我一直以為是柳川親自寫的。但是中間開始感覺蹊蹺。那位柳川真的會正經八百地讀我帶去的書？一個編輯憑直覺隨便訂購的書，現職教授工作本來就忙得不可開交，哪兒有這麼大耐心一一過目？會這樣想，並非再無其他理由。神保町有一個叫「人生劇場」的大柏青哥店，它附近的大樓地下有家A酒館。我在那裡經常能碰到柳川。

也因為這個緣故，一次我斗膽問柳川：「總麻煩您幫忙看法語書，非常感謝。可是，那麼精彩的評語，究竟是誰寫的呢？」柳川答：「還是露餡了呀。那是讓我那優秀的研究生中澤新一寫的。」這是中澤大紅大紫很久以前的事。

探詢科學與人的關係

接下來記述兩個講座。

一是「講座・科學／技術與人」（全十一冊、別卷一冊）。這個講座一九九九年一月開始刊行，編委有岡田節人、佐藤文隆、竹內啟、長尾真、中村雄二郎、村上陽一郎、吉川弘之諸位。從一九九五年底開始籌備，召開第一次編輯會議是九六年五月中旬。正如前述，九二年刊行的「講座・宗教與科學」側重的是宗教。而此次的講座，則是在二十一世紀到來之際，探詢應該如何面對出現驚異發展的科學／技術的企畫。

如前所述，九六年七月社長突然病倒，我在沒有任何準備的情況下必須出任代理社長。因此，雖然我盡自己所能出席了編輯會議，但制定最終企畫方案還是全權委以編輯部副部長Y和資深編輯S了。我記得參加的初期編輯會議上，針對為什麼不是「科學・技術」或「科技」，而必須是「科學／技術」，還發生了激烈爭論。最終，確定的總體結構如下：

1　探尋科學／技術
2　專家集團的思考與行動
3　現代社會中的科學／技術
4　科學／技術的新境界（1）
5　科學／技術的新境界（2）

6　作為對象的人
7　生命體中的人
8　地球系統中的人
9　作為思想的科學／技術
10　科學／技術與語言
11　二十一世紀科學／技術的展望
別卷　開拓新科學／技術的人們

拜託很多的科學家、工科學者撰稿，但編輯部看似沒有經歷「講座・轉折期的人」時的辛苦。一定是科學家、工科學者也不得不面對與社會的關係了。

請出的七位編委已多次提到，不再贅述。但有一點是要寫的，即關於七人中家住京都的岡田節人、佐藤文隆、長尾真。包括我當代理社長在內的七年社長任內，我時常舉辦隨性的聚餐會，以他們三位為中心加上上野健爾、本庶佑、長岡洋介，再邀上幾位文化類的學者。目的只有一個：聽取他們對岩波書店出版物的批判和評價。

我是文科出身，聆聽自然科學大家的話語教益良多。在這個意義上，對上述各位不勝感謝。儘管他們都是忙人，但仍然一邀即來。長尾真出任京都大學校長時代，也盡可能與會，一次從國外出差回來，從關西機場風塵僕僕趕到會場的盛情令人難忘。這個會常去的餐廳已經關門，現在看不到了。但是人們不時夾雜著尖銳批評的談笑風生，絕不會從我的記憶中消失。

作者與網野善彥（右）。

本講座於一九九九年內完結。

最後的企畫

另一個是「講座・天皇與王權的思考」（全十冊）。一九九八年春我與網野善彥商量，是這個企畫的開始。將天皇定位於日本歷史中勿庸置疑，還應吸收國際比較的觀點，增加從多元學科的分析。受網野的啟發，請出下述五位編委：網野善彥、樺山紘一、宮田登、安丸良夫、山本幸司。

一九九八年年中開始多次召集編輯會議。以網野提出的問題為中心，樺山、宮田、安丸、山本從各自立場慷慨陳詞的情景，給人留下的記憶尤其鮮明。針對天皇制——某種意義上往往最容易淪為ressentiment（無名怨忿）的題目，能夠冷靜深入地議論嗎？編委們彷彿肩負著這個課題，掂量著措辭的議論印象深刻。二〇〇〇年內形成方案。以下從內容簡介冊引用〈編委的話〉。耗時三年論辯的切合點，由此可觀。

進入二十一世紀的今天，國家的存在本身受到根本質疑。近年圍繞國民國家、種族的各種議論，正說明這個動向。

處於這樣的時代，此次推出以「天皇與王權的思考」為題的本講座。出版的意圖是，以進入轉折期的人類社會狀況為背景，將天皇和「日本國」歷史定位在列島社會漫長歲月中並相對化，同時作為徹底的總結對象，正確認識自己的相位和立場。

一方面上溯久遠的歷史，同時放眼全球，從政治、經濟、社會、民俗、宗教、文藝等豐富視角，透過比較、檢討世界史上多種王權與國家的不同側面，提出日本社會面臨的課題，進而更明確化我們對自我的認識。

本來，事關人與社會本質的國家與王權的問題，今天尚有廣大的未知世界，這個小小的嘗試有其侷限性自不待言。但本講座是為了透過現階段可能的、各專業領域頂尖水準的研究者操刀，向這個懸而未決的領域大膽宣戰，積極提出新問題而設計的。願本講座多少成為生活在二十一世紀的一個指標，這將是編者的無上喜悅。

全卷結構如下：

1 人類社會中的天皇與王權
2 統治與權力
3 生產與流通
4 宗教與權威

5 王權與儀禮
6 表徵與文藝
7 社會性別與歧視
8 宇宙觀與身體
9 生活世界與民間傳承
10 圍繞王的視線

編輯工作由資深的T君與I承擔。這個講座於二〇〇二年四月起步，二〇〇三年二月完結。講座的出版形態雖然已經今非昔比，但在出版界每下愈況的狂瀾中，仍有尚可的業績。可以說表現可嘉吧。這完全得益於講座主題的分量以及編委們的努力。

二〇〇三年春天，我召集編委舉辦了慶功會。選在吉祥寺的法國餐廳，離正在養病的網野家盡可能近的地方舉辦，網野背著氧氣瓶到會。包括網野在內，與會者都把法國套餐一一掃光，喝了許多葡萄酒。有說有笑，非常盡興。然而，遺憾沒有宮田登的身影。宮田雖然參與了講座設計，但沒有執筆，於二〇〇〇年去世。而今天，網野也入了鬼籍。

追求真正的學術

最後，我想提一下我無論如何想實現的企畫，即「岩波學術叢書」。

從世紀之交起，國立、公立大學的法人化拉開帷幕，私立大學也更強化了企業化的姿態。我感覺在這一傾向，中學術是最容易被敬而遠之的。拜金主義橫行的社會，尤其不起眼的文科類學問連生存都成問題。再看外國，歐美的大學出版社（參看第三章）被迫苦戰，那裡冷門學術類圖書被無情剔除的傾向開始顯現。

我想為了捍衛風雨飄搖的學術，出版社能否盡一份力呢？因為岩波賴以生存的，正是真正的學術，所以無論如何要維護它，盡可能強化它。

為此我做了一個嘗試，從提交給大學的大量博士論文中選出值得矚目的，摸索利用最新技術在製作成本上可行的小冊數出版的途徑。

我邊做著社長工作，走訪了十來位可信的著者，說明了我的問題意識，請他們出主意。難得的是他們一致贊同我的想法，願意積極合作。其結果，「岩波學術叢書」於二〇〇二年六月問世。以下，引用我寫的〈發刊辭〉，裡頭坦率地闡述了我上述的想法。

岩波書店自創業以來，以繼承與發展人類的知識財產為最重要課題，以此為出版活動的基軸。在這層意義上，可以說維護和培養學術，構成了本社出版理念的核心。

此次，本社基於該理念創刊「岩波學術叢書」。其意圖，即再次確認人類長期積蓄的知識，在此基礎上注入年輕一代研究者創新的知識共同財富。目的是以此對迷茫益甚的現代社會，哪怕只是提示一點自信和對新世界的希望都行。

本叢書是全新的學術研究書系，從我國大學積極開展的知識活動中，選出肩負未來學界希望的優秀研究者充滿挑戰性的業績出版。對於作為學位論文提交的大量論考審慎地研判，將其中特別令人矚目的作品，經過製作等的創新漸次刊行。

在圍繞學術出版的環境日益嚴峻的當下，為了捍衛真正的學術，懇請讀者鼎力支持。

二〇〇二年六月

岩波書店

本叢書以古莊真敬的《海德格的言語哲學：志向性與公共性的關聯》、平田松吾的《歐里庇得斯（Euripides）悲劇的民眾像：雅典市民團的自他意識》兩冊起步，至二〇〇六年出版丸橋充拓的《唐代北邊財政的研究》，刊出十冊。

為了實現這樣樸素的叢書企畫，還要克服公司內的重重困難。但是編輯部T君、K君竭盡全力，終於使之步入軌道。但願年輕一代編輯能彰顯並進一步發展本叢書的意圖。

二〇〇三年五月底，在看到「岩波學術叢書」啟航和「講座・天皇與王權的思考」完結後，我離開了岩波書店。

尾聲　窺見「理想國」

以上是我做編輯四十載的軌跡。當回首每一個自己企畫、編輯的書刊時，不由想起井上廈說的話。那是在《赫爾墨斯》上，與大江健三郎、筒井康隆舉行的鼎談「尋覓理想國尋找故事」中，井上談到為什麼自己深陷戲劇不能自拔時說的。

「戲劇在各種意義上是眾人協力完成的。有劇作家，有表演的演員。還需要負責布景、小道具、照明、音響的人。然而，最關鍵的還是觀眾的存在。某日、某時，在劇場上演這個劇。只有兩、三個小時。但是，這兩、三個小時如果戲劇演出成功，演員和觀眾融為一體，那段時間就在那裡定格成某種『理想國』。我是在小松劇團的每場演出中尋覓理想國。」我記得大意如此。

我聽了這段話不能不想：出版不是完全一樣嗎？有作者，有編輯。有製作、校對。有印刷、裝訂，還有紙張。為了宣傳，有負責宣傳和廣告代理的人。代銷店、書店當然不能忘。而且不是有最重要的讀者嗎？如此說來，出版與戲劇一樣，建立在許多人的協作上。戲劇需要劇場平台，在特定時間展現特定的世界，即使有這一點不同，但如果讀者透過手裡的一本書，可以暫時離開現實世界，生活在另一個宇宙，那麼不就是井上說的尋覓「理想國」嗎？這樣一想，也許我做編輯的四十年就是「尋覓理想國」的四十年。

但是，細想「理想國」正因為它不可能存在於現實，才是「理想國」。「世上不存在的地方」就是「理想國」的意思。因此這是一種悖論：正因為現實不存在，我才用四十年在尋覓「理想國」。然而，就在四十年幾乎最後的階段，我的一個經歷，也許可以說讓我窺見了「理想國」。記錄下這件事以結束本書。

二〇〇一年十二月某日。上午十一時許，桌上電話響了。我拿起話筒放在耳朵上，傳來有三十多年交往的作者X的聲音。

「我看了今天早上的報導了，問題相當嚴重啊。我和內人說起來，我們孩子都大了獨立了。我們又都老了，沒有什麼用錢的地方了。所以，手頭的存款沒有也無大礙。大塚先生，交給你來支配這筆錢吧？」然後，告訴我現在有多少多少錢。

X意想不到的建議，讓我大驚。而且，被巨大的金額嚇了一跳。事情來得太突然，我一時找不到合適的話，勉強說出：「不勝感謝。不過，您的美意我就心領了。」放下電話，我半晌仍陷於一片茫然。而後，淚水滂沱而落。

那一天，一家知名的專業書代銷店S公司倒閉了。當天的日報登出這則消息。自從敗戰後，S公司創業以來，與岩波書店的關係非常密切。因此，一些唯恐天下不亂的報章、雜誌立即起鬨，渲染岩波書店瀕危。瞭解這些情況的X，放心不下打電話來。

我不認為X提出建議，是為了救助有長期交情的我個人。他是出於對岩波書店這家出版社的厚愛，即恰巧是我任社長負有最終責任的組織，提出令人意想不到的建議。

我相信並倍加珍視真正意義的學術。製作無論怎樣通俗的啟蒙書，都要關注它背後學術的鋪墊。毫無疑問，學術專著或學問類講座，這一點是頭等重要的。X一定對岩波書店的這種姿態，以及在此基礎上的長期積累產生了共鳴吧。所以如果它瀕危，哪怕自己掏腰包也要相助。也許這話說得大了，換句話也可以說，我用將近四十年的歲月，以自己的方式建立起X對岩波書店的評價和信賴。

我的淚如泉湧，怎麼也止不住。對於X以我堅信最重要的為真，為捍衛它不惜捨私財的信賴和行為，我無言以對。難以表達的感激之情，唯有化作淚水。

X的一通電話，讓我從心底感到做四十年編輯的深意。我同時感覺，終於窺見了四十年來尋覓的「理想國」。老實說，我就是為了寫這件事，才動了寫本書的念頭。

後記

為了寫這本書，我從岩波書店退下來後，至少需要隔三年時間。

一是調整心態，使自己能夠客觀地看自身經歷。一說「調整心態」，也許讓人感覺到某種宗教的或倫理的味道，其實不然。

當社長的最後七年，我自己也不得不清醒地意識到，整天從頭到腳處於緊張狀態。這個時期，正好趕上日本經濟本身陷入低迷，為了不沉底拚命掙扎的時期。出版界處於戰後首次出現的、向無底深淵一落千丈、令人毛骨悚然的時期。

然而緊張的最大理由，是在這個艱難的時代，如何捍衛岩波書店這個品牌。我敢用「品牌」一詞，也許聽上去有點小題大作，但對我來說，捍衛品牌等同維持日本文化的水準。

書看得少了，學生的學力在下降，我們能聽到這樣的聲音。圖書的銷售呈直線下降趨勢。

一次我到京都大學，向上野健爾教授提出「特別請求」。「請召集您同事的數學老師，我想聽聽他們的想法。」上野馬上幫我安排，使我見到包括他在內的五位數學專家。我提出了不客氣的問題：「京都大學的數學教育上最大的問題是什麼？」結果，五人不約而同地回答：「現在的學生寫論文的能力、日語能力不行了。」

不讀書，日本人的思考能力就會減退。那樣，日本這個國家將越來越不行。我並不單純地袒護民族主義，但是愛戴自己出生的國家。我痛切地感到，必須設法阻止大家不讀書。

我成立了岩波書店出版懇談會，邀請網野善彥、宇澤弘文、大岡信、坂部惠、坂本義和、佐藤文隆、長尾真、中川久定、二宮宏之、福田歡一等十人參加，堅持一年兩次說明岩波書店面臨的狀況，請他們把脈，而且每次都有幾位編輯部負責人列席。

除此之外，也組織了歷史專家、社科研究者會議，截長補短徵求專家學者的意見。無非是出於考慮怎樣才能捍衛岩波書店這個品牌。

再看國外，在歐美，巨大資本兼併著名出版社，已經司空見慣（參見第五章）。雖然公司名還在，但實際變成某大企業的附庸。這樣，即使一、兩年內還留著原來優質出版社的影子，但不久便淪為利益至上、不像出版社的企業了。

這樣的想法揮之不去，讓我從頭到腳緊繃著，所以即使離開出版社，也無法立即客觀地審視自己的過去。退休第二年下半年，好不容易想要盡量客觀地眺望自己走過來的路。首先，讓僵化的肌肉漸漸放鬆，逐步調整心態，在此基礎上完成了本書。

緩釋緊張、調整心態的過程中，我不能不尷尬地面對自己矛盾的生態。我當社長期間，竭盡全力要捍衛岩波書店的品牌。但是細想，之前的三十年我做了什麼？坦白地說，我是一直在做反岩波的企畫。至少我立項的企畫，一半是站在推翻既成權威一方的。

我進入公司便被分配到雜誌科，馬上意識到空氣不對頭。一個懵懵懂懂的新人編輯部員這樣說也許奇怪，當時是剛慶祝了成立五十周年時，編輯部充斥著某種一流意識。五十年間岩波書店始終肩負著日本文化。常言說，大眾文化找講談社，高級文化找岩波。岩波書店的作者必須一流，招待這樣的作者必須提供最好的條件。舉例說，要在高級餐廳招待作者，迎送要包租轎車。

這種一流意識讓人無法忍耐。第一章我寫到帶頭尾的竹筴魚一段，也是出於這樣的脈絡。也就是說，如果編輯部內的議論堪稱一流，不輸於這樣的一流意識，若我們自身具備一流的知識和見識則另當別論，但實際上在低調的編輯會議上，重用的全是大家的意見。那裡很難感知編輯的主體性見識。

所以我進公司一、兩年時，一心想辭去岩波的工作。實際上差一點就成功。我參加了某大學研究所的考試，幸運地通過了。我熟悉的S教授出於好意，建議我申請岩波書店的獎學金。從戰前延續下來叫「風樹會」的獎學制度，S教授在裡頭當理事。但是要我申請自己想辭去公司的錢並不合適。因為這件事，此事不再重提。

其他也有過幾次轉機。其中一例是，雜誌科O課長曾建議我到英國《經濟學人》雜誌進修一、兩年。當時《經濟學人》就是硬派媒體的代名詞。O課長與《經濟學人》雜誌的東京特派員是朋友。出版社也正式同意了這件事，但由於對方的原因沒有實現。就這樣辭職不成，研修也沒實現，結果一直在岩波做了一輩子，只能怨自己優柔寡斷。

剛進公司時的這類事權且不論，那以後正像我在本書所述，企畫了不少從岩波的一流意識看值得懷疑的企畫，所以有一次遭到大野晉措辭嚴厲的批評，我自己在挨罵的同時，內心卻大呼快哉。

大概是我在新書編輯部時的事，我作為宇澤弘文的講師助理，隨從他從大阪到廣島、松山參加巡迴講演會。偶然在大阪與大野晉共進午餐。在座的除了宇澤、大野兩位講師以外，當然還有公司主管和大野的講師助理，但是我一個也想不起來。唯獨記憶猶新的是，大野晉衝著我說的下面一段話：

「岩波費力不討好地辦什麼講演會，最近的出版物卻完全沒有可以看的。最近兩、三個月，假如出了富有知識性刺激的書，我倒要領教領教。」

眾所周知，大野晉孤軍奮戰，開闢了自己的疆土。在他的眼裡，當時岩波書店的出版物，一定淨是些四平八穩、缺乏冒險精神的東西。在那個場合對年紀最輕的我，挑釁似地加以痛斥。我無法回答他的批判。但是我清楚地記得，我認為他說得有理。

事情過去了約三十年，進入二十一世紀前後，我有機會陪同大野夫婦到信州旅行。那次我說：「很久以前，我在大阪遭到大野先生的無情批判。但是多虧了您，我才能好歹走過編輯之路，現在得好好謝您。」大野先生笑著說：「那麼失禮的話，我就當著你的面說？如果那樣，說明我也年輕啊。」

這樣，直至我自己做編輯主管之前，我一直有明顯的非主流意識，而且也覺悟到自己的作用。例如，正是有了「日本古典文學大系」的主流，「叢書・文化的現在」這類企畫才能成立。

出任編輯主管是一九九〇年，從這時起我漸漸思考以我的方式來強化主流。例如，請全集課的主管實現了《康德全集》。岩波書店出版了亞里斯多德、柏拉圖、黑格爾全集。「再加上康德就齊了。讓坂部惠擔綱，應該不成問題。」接過我的想法，Y課長僅用了不到兩年時間，便規畫了《康德全集》（編委坂部惠、有福孝岳、牧野英二，共二十冊、別卷一冊）。全集完結是二〇〇六年。

另外，就瞭解西歐思想不可或缺的佛洛伊德，仍想實現全集，雖然優先出了拉岡的《研討班》。退休前的兩、三年，我一有機會就去京都，找新宮一成、鷲田清一等商量。《佛洛伊德全集》的意圖是想在拉岡以後，凸顯佛洛伊德像，它正由全集課年輕的T君等在企畫，即將進入實施階段。

由此可見，我實際上在做編輯的三十年，一直在岩波書店這個場所中，從事著一種反岩波的編輯活動。但是今天細細琢磨，在岩波書店這個如來佛的巨掌上，自我感覺一個人在造岩波的反，其實也許只是自以為是的輕佻。

「品牌」啦、「名號」啦，都要建立在傳統和積累上。但同時，簡單地去捍衛「品牌」、「名號」沒有意義。只有不斷地進行再生產，才能維持並發揚「品牌」和「名號」。既然如此，我的反岩波的三十年，也可以說只不過是對品牌再生產盡了綿薄之力。反之，正因為岩波這個巨大的壁壘攔在自己面前，自己的小小逆反才能成立。

在這個意義上，我要向岩波這個場所再次獻上由衷的感謝，並對一同「尋覓理想國」的同仁（不僅岩波書店，還包括作者、相關業界），表示誠摯的謝意。

我對於本書提到的所有人，充滿感激不盡的情誼。謝謝你們！

本書中沒有機會提到名字，但要衷心感謝的諸位，列於次：

市古貞次、井出孫六、豬木武德、豬瀨博、今道友信、內橋克人、嘉治元郎、加藤幹雄、紅野敏郎、齋藤泰弘、坂村健、作田啟一、柴田德衛、島尾永康、壽岳章子、神野直彥、杉山正明、高階秀爾、竹西寬子、橘木俊詔、田中成明、團伊玖磨、池明觀、都留重人、中村健之介、中村平治、西順藏、野本和幸、日高敏隆、平松守彥、藤井讓治、船橋洋一、松田道弘、宮崎勇、宮原守男、宮本憲一、山內久明・玲子、山下肇、脇村義太郎、吉川洋（敬稱略）

我把本書的原稿託付給Transview社的中嶋廣。我斷定他是志向高遠的出版人，自己經營出版社，親自當編輯。對於他細緻、準確的編輯工作，謹致謝忱。我根據中嶋的建議加上了書名、章名、小標題等，好盡量吸引年輕讀者。另外，要對擔任校對的三森曄子表示感謝。本書人名、書名、論稿名等頻出的校對工作，絕不輕鬆。

再提一下私事，四十年來我能夠堅持編輯工作，是因為得到了家人的支持。過世的雙親，妻子純子、兩個女兒麻子、葉子，以及甲斐犬蘭，我要對你們說一聲「謝謝」！

最後，願將拙著獻給肩負未來的年輕一代編輯們。如果讀了能為你們帶來一些用處，就是我的最大榮幸。

大塚信一

二〇〇六年初夏

附錄

與大塚對談

林亞萱 訪
劉姿君 譯

個人經驗

——可否稍微跟台灣讀者介紹您的個人背景?您為什麼會踏入出版產業?

大塚 一九六三年春天,我大學畢業進入了岩波書店。當時日本經濟正邁入高度成長期,因此希望進入製造業、銀行、貿易公司等的學生,於畢業前一年的春天就幾乎都已經獲得錄取了。唯有新聞傳播(報紙、廣電、出版)九月才舉行考試(而且錄取率非常低),所以只有我們以新聞傳播為志願的人出路一直懸而未決,每天在不安中度日。到了九月,首先舉行考試的是NHK(日本放送協會)。我雖報考了記者,卻在書面審查的階段就被刷了下來。因為試題中有一題要求我們寫出喜愛的書,我就寫了當時身為法國共產黨幹部的羅傑・賈洛迪(Roger Garaudy)所著的《總和與剩餘》。如今回頭想想,保守的NHK當然不可能讓我過關。接著考試的就是岩波書店。我在和NHK的同一個問題中寫了同樣的回答。岩波書店接受了,我才得以順利進入公司。

——您在書中提到大女兒在幼稚園時對您的印象,不是在讀書,就是在寫稿。請問您的工作會占用太多您私領域的時間嗎？這會困擾您或您家人嗎？若是有的話，請問您怎麼看待編輯這種工作常態？

大塚　我認為編輯是「二十四小時的上班」。因為編輯的腦子必須隨時想著企畫，再加上又必須隨時取得最新的資訊。——如此一來，反而必須更加有意識地空出與家人朋友相處的寶貴時間。還有，也必須騰出活動身體、紓壓放鬆的時間。像我的話，以前一到周末便開著小型遊艇在湖裡四處逛。

——感覺編輯工作的一環，很重要的是常常去拜訪作者，跟作者吃吃喝喝，請問好酒量是不是編輯能力的必備條件？

大塚　最近日本的編輯似乎大都利用網路和電子郵件聯繫，不太和作者見面。但是，這樣恐怕做不出好書。我認為應該盡可能和許多作者直接接觸，偶爾吃吃飯、喝喝酒是必要的。只不過我過去好像和作者喝太多酒了，是該反省。

——聽說您即使從岩波書店退休之後，還是持續閱讀。作為一個出版人，也同是一個閱讀的愛好者而言，閱讀對你的意義是什麼？

大塚　退休前我閱讀主要是為了工作。但是退休後可以盡情看自己喜歡的書，非常幸福。我認為廣義的閱讀是奠定世界觀的基礎工程，因此會特別注意讓自己的閱讀範圍越廣越好。

——您經手過的書籍數量非常多，請問您最滿意哪一本書？為什麼？

大塚　我「最滿意的書」並不是暢銷書。書的功能中最重要的要素，就在於影響讀者，進而使社會產生變革。從這一點看來，如果要舉出一本書，就是宇澤弘文所著的《汽車的社會性費用》（岩波書店出版）。理由在本書中有詳細說明，希望大家撥空一讀。

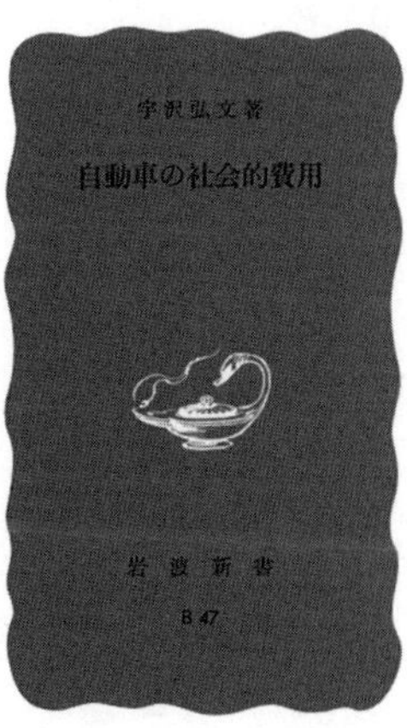

編輯、出版的意義

——您提到自己無師自通地摸索成為編輯？可否給編輯新手或者有志於編輯工作的人建議，要如何才能更有效率地無師自通？出版社的角色又是什麼？出版社能做的是否只是提供嘗試的舞台和空間？

大塚　若就近便有「編輯學校」這樣的編輯養成機構，先在其中學習也是一個辦法。但就現況而言，我想很多出版社都是在新人研修期間教導新進員工編輯、製作、校正、業務等基本知識。學會這些編輯、製作、校正等基本知識與技術後，接著就要盡量多實際企畫書籍，把這些知識與技術付諸實踐。無論成功、失敗，最好多加體驗。透過這些經驗，你的身邊應該就會形成專屬的作者群。盡可能與多數作者維持良好的關係，這對一個編輯是非常重要的。

——您說到編輯工作就像「黑子」（歌舞伎演出者背後的輔佐員），工作本質簡單來說就是為人作嫁。

您覺得是什麼讓您可以當編輯當這麼久？

大塚　如前題所提及的，能夠組織為數眾多的作者與作者群之後，便能夠運用他們的力量，提出前所未有的新鮮企畫。為此，必須組織研究會和企畫委員會。將不同領域具有影響力的作者和作者群組織起來，交換各種意見，一定能激盪出意想不到的新鮮企畫創意。而且如果能夠組織出一群真正實力堅強的作者，也會影響到後來改變社會的運動。其實每一個領域都有「黑子」的存在，發揮重要的功用。編輯可說是一種有目的地從事這些工作的職業。而這些工作實在是有趣得令人欲罷不能。這正是我能夠多年來繼續從事編輯的理由。

——您在書裡說到：「編輯的工作是產生新的見解，因為對人類迄今積累的東西必須要有整體的瞭解，否則無法判斷什麼確實是新的。」編輯工作量本來就不小，要如何盡可能企及這個目標？

大塚　要實現前述，編輯就必須比一般人更用功。而且這種用功並不痛苦，應該會越來越令人樂在其中才對。之所以這麼說，是因為用功的成果會在你與一些具有影響力的作者的交流之中，漸漸呈現出來。

——您在書中講到很多邀稿、企畫的例子，也說到編輯須是一位「聆聽者」。請問您覺得編輯與作者最好的關係是怎麼樣？要怎麼做才能成就那樣的關係？

大塚　編輯必須充分瞭解作者在想些什麼。為此，編輯必須熟讀作者的著作，傾聽作者的話。假如能夠充分瞭解，就能夠知道作者想朝什麼方向前進。順著這個方向企畫，也就是說，提出可能讓作者更進一步大展抱負的企畫，作者就會樂意配合。我就曾經這樣讓同一位作者寫了好幾本書。

——編輯除了是聆聽者之外，有時候也必須是個「獨裁者」。請問您如何協調、掌握公司、美編、作者之間的關係？如何拿捏適當的獨裁？

大塚　編輯必須當一個「獨裁者」，這在雜誌的編輯上更加重要。因為雜誌總編的獨裁會更加凸顯出一本雜誌的個性。但是，讓總編底下的各個編輯能夠自由進行編輯活動，也是總編的工作。因為自由編輯活動的範圍越大，那本雜誌的內容就會越豐富。

出版產業觀察

——雖然您已經從岩波書店退休，請問您覺得岩波書店跟其他日本出版社最大的不同是什麼？特色是什麼？

大塚　岩波書店最大的特色在於它是一家綜合性的出版社。學術書籍、教科書、一般書、啟蒙書、新書、文庫、美術書籍、童書、全集（學術性與文學性）、講座、辭典、運用電子技術的新領域、雜誌等等，所有領域的出版品與CD-ROM，都在岩波書店營運的範疇之中。而且無論是哪一種，都努力盡可能提供社會大眾最優質的出版品。

——您覺得出版較多學術、人文書種的出版社要怎麼做才可以繼續生存在市場上？

大塚　學術書籍與人文書籍是最重要的領域，但如前所述，這兩者也是其他的眾多領域之一。為了守住這兩個重要的部門，與其他部門之間的協助與平衡是很重要的。例如運用新的電子科技的《廣辭苑》，其開發就必須同時支援學術書籍與人文書籍。

——您在書中提到岩波書店不同種類、形式的出版物：《思想》雜誌、「單行本」、「新書」、等。跟台灣出版社的習慣分法不同，台灣出版社常常是以作品內容來區分。可否稍微跟台灣讀者介紹日本出版社一般的分法，像是「單行本」、「新書」、「文庫本」各有什麼不同？

大塚　岩波書店是如前所述來進行分類。其中新書指的是新書版的小型書籍（長十七公分，寬十一公分）。文庫版則是十五×十．五公分大小的書。當初，新書是由某個領域的權威人士簡單明瞭地為讀者解說該領域的學術成果，具有強烈的啟蒙特質。而文庫則是特別為了讓讀者能夠親近日本與全世界的古典文學與文學作品所設計的。兩者都以平易近人的定價出版，讓讀者閱讀沒有負擔。只不過現在除了岩波以外的新書、文庫，版型雖然相同，內容卻千差萬別，難以簡單概括。新書與文庫目前是日本出版界發行數量最多的書。這兩者的形態都是數十年前由岩波書店最先發明提出的。而所謂講座，本來是針對哲學、物理學等人文、社會、自然科學等特定領域，集結學術界的全力，如大學開設講座一般，集專家論文於大成，可說是日本特有的出版形態。

——台灣出版一直以來極仰賴購買外國版權，相對於此，日本的翻譯書比例並不高，請問日本出版產業如何做到這樣？

大塚　日本也出版為數眾多的翻譯書籍。這是因為日本人自明治維新以來，便以追上西歐文化水準為目標。近年來，日本的文化總算也開始在國外獲得評價。尤其是由村上春樹所代表的現代文學，以及漫畫等，各國均有大量翻譯。然而在學術方面，至今仍深受外國的影響，出版大量翻譯書籍。出版一定比例的翻譯書籍，以獲得他國文化的相關知識與資訊，這在每個國家都是很重要的。但是，這個比例則因各國的歷史條件背景迥異，無法一概而論。

——您見證了日本出版業人文思潮眾聲喧譁的美好，也面臨過九〇年代出版業蕭條的陰影悄然降臨的嚴峻。出版生態的環境越來越惡劣，不知多久以前，出版產業就被稱為黃昏產業了。請問您現在對出版界的未來觀察是什麼？

大塚　以長遠的眼光來看，自古騰堡印刷術發明以來，活字文化亦即出版業位居主流位置達數百年。而到了二十世紀，如加拿大的麥克魯漢（Herbert Marshall McLuhan）與匈牙利的貝拉・巴拉茲（Béla Balázs）所說，電影、電視等視覺文化逐漸復權。而到了二十一世紀的今天，漫畫、電玩等視覺文化看似位居優勢。

然而，歷經數百年所成就的活字文化是人類共通的世界遺產，是無可動搖的。換句話說，沒有活字文化，就不可能有人類的歷史。科技也是由活字文化支撐的。我認為我們應該站在重新確認這個事實的基礎上，致力於振興出版文化。

我任職於岩波書店期間，曾利用ＩＴ技術做了各種嘗試。本書中也提出了其中好幾個例子。我們不應害怕ＩＴ技術，而是應該積極運用，來守護活字文化的傳統不是嗎？為了讓人類發揮理性，創造更美好的社會，活字文化是不可或缺的。我們必須運用ＩＴ技術做不到的書本的優點，同時創造出活字文化的新形態。為此，我們有必要讓每一本書都更美、更有手感，也更加便利。

我相信，年輕一代的編輯們一定能夠跨越文化與國界，創造出新的出版文化。

譯注

第一章

1. 東京都經營的電車。
2. 「全日本學生自治會總連合」的簡稱，是一九四八年由一百四十五家大學的學生自治會結成的聯合組織。
3. 東京大學所在的街區。
4. 也有人譯為搗蛋者、作亂精靈。它是神話中的精靈，喜歡對神、人、動物耍計謀，行無常規，打破規範，不受約束。經常變換外形，遊走於各界，因此，也常被神指定為「使者」。山口昌男在著作中，特別強調它跨越物質與社會的界線，打破正確與錯誤、神聖與世俗的差別，因而在本書中翻譯為跨界者。

第二章

5. 一一七三至一二六二年。日本鎌倉時代前、中葉的僧侶，淨土真宗始祖。
6. 舊制第三高等學校的簡稱，現在為京都大學。

第三章

7. 「全學共鬥會議」的簡稱，是一九六八至一九六九年日本大學學運中，新左翼各黨派以及各大學建立的鬥爭團體，主要目標是學生自治、學術自由等。其中以日本大學和東京大學的「全共鬥」運動影響最大。
8. 《追求出版理想國》日文原書於二〇〇六年出版，河合隼雄於二〇〇七年逝世。
9. 指日譯本書名《アリストテレスとアメリカ・インディアン》。
10. 日本國家社會科學最高榮譽的獎項。
11. 「灑落本」和「黃表紙」是江戶時代庶民文學中的兩種表現形式。「灑落本」是小開本的、描寫妓院遊樂生活的詼諧小說。「黃表紙」則是給成年人看的繪本，內容多為夾雜戲謔成分的通俗文學，因封面一律採用黃色，故稱「黃表紙」。

12. 除作家以外的畫家、陶藝家、建築師、雕塑家、作曲家等的統稱。

第四章

13. 日語「第三」的音讀為「daisan」；「大」的音讀是「dai」，「三」的音讀是「san」。
14. 即從西田哲學選出若干關鍵性概念。
15. 十五公分乘以二十二公分的開本，比正二十五開稍大。
16. 歌舞伎演出者背後的輔佐員。
17. 「入來文書」是日本鹿兒島縣薩摩川內市（舊名「入來町」）的武家氏族入來院家從鎌倉時代至江戶時代的古文書群，裡面記錄著領地繼承、土地買賣、裁判等史料。朝河貫一的英文著作 *The Documents of Iriki* 於一九二九年在美國出版（日譯本《入來文書》，二〇〇五），是他對這些古文書的研究成果。
18. 日本靜岡縣東部的高原城市，位於富士山麓，海拔二百五十至七百公尺。
19. 印尼摩鹿加群島一帶神話中流傳的農作物女神。
20. 《古事記》中記述的日本神話裡掌管食物的女神。
21. 古代日本寺院和公卿、武士家的童僕。

第五章

22. 指昭和元年至九年的八年零七天期間，即一九二六年十二月二十五日至一九三四年末。

第六章

23. 以猶太教傳統教義為根基的一種神秘主義思想。

第七章

24. 日語「想像」、「創造」的讀音，兩者相同。

聯經文庫

追求出版理想國：我在岩波書店的40年

2012年10月初版　定價：新臺幣420元

著者　大塚信一
譯者　馬健全
　　　楊晶
發行人　林載爵

出版者　聯經出版事業股份有限公司
地址　台北市基隆路一段180號4樓
編輯部地址　台北市基隆路一段180號4樓
叢書主編電話　(02)87876242轉222
台北聯經書房：台北市新生南路三段94號
電話：(02)23620308
台中分公司：台中市北區健行路321號1樓
暨門市電話：(04)22371234ext.5
郵政劃撥帳戶第0100559-3號
郵撥電話：(02)23620308
印刷者　世和印製企業有限公司
總經銷　聯合發行股份有限公司
發行所：台北縣新店市寶橋路235巷6弄6號2樓
電話：(02)29178022

叢書編輯　林亞萱
校對　呂佳真
封面設計　許晉維
內文排版　林淑慧

行政院新聞局出版事業登記證局版臺業字第0130號

本書如有缺頁，破損，倒裝請寄回台北聯經書房更換。ISBN 978-957-08-4067-4 (軟皮精裝)
聯經網址：www.linkingbooks.com.tw
電子信箱：linking@udngroup.com

中文譯稿由生活・讀書・新知三聯書店授權

內文照片皆由大塚信一提供。

國家圖書館出版品預行編目資料

追求出版理想國：我在岩波書店的40年
/大塚信一著．馬健全、楊晶譯．初版．臺北市．
聯經．2012年10月（民101年）．344面．
14.8×21公分（聯經文庫）
ISBN 978-957-08-4067-4（軟皮精裝）

1.編輯 2.出版業 3.日本

487.73 101019232